AF194350

CSIC   CATARATA

El aceite de oliva y la salud

Javier Sánchez Perona

Colección ¿Qué sabemos de?

CATÁLOGO DE PUBLICACIONES DE LA ADMINISTRACIÓN GENERAL DEL ESTADO:
https://cpage.mpr.gob.es

© Javier Sánchez Perona, 2025
© CSIC, 2025
   http://editorial.csic.es
   editorialcsic@csic.es
© Los Libros de la Catarata, 2025
   Fuencarral, 70
   28004 Madrid
   Tel. 91 532 20 77
   www.catarata.org

ISBN (CSIC): 978-84-00-11461-9
ISBN ELECTRÓNICO (CSIC): 978-84-00-11462-6
ISBN (CATARATA): 978-84-1067-416-5
ISBN ELECTRÓNICO (CATARATA): 978-84-1067-417-2
NIPO: 155-25-111-5
NIPO ELECTRÓNICO: 155-25-112-0
DEPÓSITO LEGAL: M-17.104-2025
THEMA: PDZ/MBNH3

Índice

CAPÍTULO 1

El más antiguo de los aceites

La ramita de olivo que trajo la paloma

Gervasio Deferr, gimnasta español, obtuvo la medalla de oro en la disciplina de salto de potro en los Juegos Olímpicos de Sídney del año 2000. Cuatro años después, en Atenas, volvió a repetir la hazaña, siendo campeón olímpico en la misma especialidad. El evento volvía a orígenes griegos, donde fue creado en la Antigüedad, pero también donde se celebraron los primeros Juegos Olímpicos de la era moderna, en 1896. Con motivo de tal celebración, la organización obsequió a los campeones, además de con la medalla que les correspondía, con una corona elaborada con hojas de olivo. Deferr volvió a España con su flamante medalla de oro, pero también con su exótica corona de olivo.

Aunque en los Juegos Olímpicos modernos la corona de olivo se había sustituido por medallas de oro, plata y bronce, en Atenas 2004 se revivió la antigua tradición y todos los ganadores volvieron a sus países con su corona, igual que Gervasio Deferr. Para la ocasión, las coronas se elaboraron con las hojas del olivo milenario de Vouves, en Creta, considerado uno de los olivos en producción más antiguos del mundo con una edad estimada de entre 2000 y 4000 años. La edad del árbol es muy aproximada, ya que debido a su edad, la zona central del tronco, que es la más antigua, ya se ha degradado, por lo que no queda material para el empleo de métodos de datación con radioisótopos (Bombarely *et al.*, 2021). A día de hoy, el olivo de Vouves sigue dando su fruto cada año, aproximadamente 150 kg de aceitunas que se emplean para producir aceite de oliva.

El de Vouves no es el único; en otras zonas del Mediterráneo hay otros olivos antiquísimos. En Palestina, por ejemplo, se pueden encontrar dos de ellos: en Belén y en al-Walaja, con una edad estimada ambos de unos 5000 años. Y en Bchaaleh, en el norte de Líbano, aún sobreviven los olivos llamados Las Hermanas. La leyenda popular atribuye a Las Hermanas ser el origen de la rama de olivo que llevó la paloma al Arca de Noé al terminar el Diluvio bíblico y que dio lugar al símbolo de la paz que todos conocemos. Estos árboles todavía producen aceitunas y su aceite se comercializa por la organización sin ánimo de lucro Sisters Olive Oil, con el propósito de contribuir a su preservación.

Si los olivos son tan antiguos, se puede presumir que el uso del aceite de oliva es también muy remoto en el tiempo. La indicación más antigua del uso del mismo de la que disponemos data del final de la Edad del Bronce, hace unos 4000 años, y aparece en residuos de vasijas de cerámica encontrados en la cueva Gerani, en Creta (Martlew y Tzedakis, 1999). Se cree que el aceite de oliva que contenían las vasijas no se empleó para consumo como tal en preparaciones culinarias, sino para cubrir el vino que contenían y evitar así su deterioro y su transformación en vinagre al reducir el contacto con el oxígeno del aire.

En la Grecia clásica, el olivo jugaba un papel excepcional y no solo en los Juegos Olímpicos. De hecho, la mitología le atribuye a esta planta nada menos que el protagonismo en la fundación de la propia ciudad de Atenas. Esta ciudad recibe su nombre en honor a su fundadora, la diosa Atenea. Según la tradición, la ciudad había llamado la atención de los dioses por su ubicación estratégica y su floreciente civilización. Por eso, hubo una disputa entre los dioses del Olimpo para dilucidar quién recibiría el honor de ser considerado protector de la ciudad. A la fase final llegaron dos de los más grandes dioses griegos: Poseidón y Atenea. Poseidón, el dios de los mares y "agitador de la tierra", golpeó el suelo con su tridente y del mar emergió una impresionante fuente de agua salada. A pesar de lo espectacular de la maravilla, los habitantes de la ciudad quedaron desencantados: ¿para qué querían ellos una fuente de agua salada? Si al menos hubiera sido dulce... Otras fuentes aseguran que lo que salió del mar fue un imponente caballo. Sea como fuere, la población prefirió el regalo de Atenea. La diosa hizo algo en apariencia muy sencillo: plantó una minúscula ramita de un árbol, de la que surgió una planta que creció rápidamente y fue capaz de generar un pequeño fruto que podía alimentar a los ciudadanos y del que se podía obtener un zumo que daba fuerza y vigor. No solo eso, este zumo era capaz servir como combustible para alumbrar. Además, la madera del árbol se podía quemar para generar calor en los hogares. Por eso, los ciudadanos de Atenas prefirieron a la diosa Atenea como su protectora.

Si los griegos tenían pasión por el aceite de oliva, los romanos no se quedaron atrás. La prueba más evidente se encuentra en pleno centro de Roma, cerca de las termas de Caracalla y del Circo Máximo. Se trata del Monte Testaccio, una colina artificial de 35 metros de altura formada por millones de ánforas de aceite, la mayoría de ellas procedentes de la Bética, es decir, de Hispania. Los arqueólogos calculan que el aceite de oliva transportado en esos envases permitió abastecer la mitad del consumo anual (unos seis litros) para un millón de personas durante 250 años. Algunos autores, en cambio, afirman que el consumo de aceite en Roma era aún mayor, llegando a los 20 litros por habitante (Bowman y Garnsey, 2009).

Si eso era así, el consumo de aceite de oliva en la Roma clásica era el doble que en la actual Italia, aunque seguro que los usos no asociados con la alimentación tendrían mucho que ver.

A pesar de la caída del Imperio romano, el sur de Europa continuó consumiendo aceite de oliva durante toda la Edad Media. La producción se mantuvo gracias a las órdenes religiosas, que asumieron su producción y aseguraron su disponibilidad entre clérigos y nobleza. Además de su uso culinario, el aceite de oliva se empleaba en la iluminación y la elaboración de jabones y textiles, así como en medicina. Muchas recetas de cocina actuales proceden de esa época y en particular de al-Ándalus, donde su uso era más frecuente.

El aceite de oliva está incrustado en nuestra cultura

En mi casa siempre se había empleado aceite de oliva virgen extra para cocinar porque mi madre nació en un pueblecito de Ciudad Real rodeado de olivos por los cuatro costados. Cuando pasábamos las fiestas de Navidad en el pueblo, veía a las cuadrillas de jornaleros volver de varear olivos y los remolques de los tractores cargados de aceituna camino de la cooperativa. Así que en mi casa se respiraba cultura del aceite de oliva y siempre teníamos aceite del pueblo de sobra. En 2002, me encontraba realizando una estancia de investigación en Londres que duró dos años. Ese verano mis padres fueron a visitarme. Como equipaje para los tres o cuatro días que estuvieron en la ciudad llevaban dos maletas, una grande y una pequeña. En la pequeña llevaban la ropa; la grande estaba repleta de comida, casi como en las películas de Paco Martínez Soria, pero viajando en avión en lugar de en autobús. Recuerdo ver salir de allí chorizos, latas de conservas de pescado, jamón envasado al vacío y, cómo no, aceite de oliva virgen extra. Toda una garrafa de cinco litros. No sé cómo no se lo retiraron todo en la aduana, pero no lo voy a olvidar en la vida.

Qué maravilla tener tanto aceite a mi disposición. Sobre todo, con el precio que tenía en Reino Unido.

A pesar de que, como digo, estaba acostumbrado al uso de aceite de oliva en mi casa, cuando me trasladé a Sevilla quedé admirado de su consumo en el sur de España. En Andalucía se desayuna aceite de oliva, se come aceite de oliva, se merienda aceite de oliva y se cena aceite de oliva; casi se podría decir que no hay plato que no se lubrique con aceite. En Sevilla y en otras zonas de Andalucía el desayuno habitual para muchas personas es una rebanada de pan tostado con aceite, a la que se añade azúcar, sal o tomate. Uno de los mayores placeres que se pueden disfrutar en la vida es desayunar una tostada con aceite, tomate y jamón ibérico, acompañada de un café.

Como puede verse, el aceite impregna toda la cultura andaluza, pero también la de otras regiones de España y otros países mediterráneos. Más aún, el aceite de oliva es intercultural y acerca nuestra cultura a otras culturas que conviven con él. Uno de los mejores ejemplos de esto es la mezquita del Olivo (o mezquita Zitouna o Al-Zaytuna), que se encuentra en Túnez y que data del siglo VIII de nuestra era. La mezquita fue construida en el mismo lugar donde fue enterrada Olivia de Palermo, también llamada Al-Zaytuna. Sobre la vida de Olivia no está nada claro porque algunos afirman que nació en el siglo V, pero otros sitúan su nacimiento en el siglo X. Incluso hay quienes sostienen que la vida de Olivia es solo una leyenda. Sea como fuere, Olivia es venerada tanto por cristianos como por musulmanes y ambas religiones la consideran una mártir. En Palermo, santa Olivia fue declarada patrona, y tanto sicilianos como tunecinos, de una y otra creencia, atribuyen tremendos castigos a los que osen profanar su tumba. Hoy en día, se supone que los restos de Olivia descansan en la catedral de Palermo, a donde fueron devueltos desde Túnez en 1500. Aun estando en el extranjero, el influjo de Olivia de Palermo sobre los musulmanes tunecinos es tal que afirman que, si sus restos regresan alguna vez a Túnez, el islam desaparecerá.

Este ejemplo sirve también para introducir otro tema cultural muy curioso: la etimología del aceite de oliva. La palabra *aceite* proviene del árabe *az-zait* y esta del arameo *zaytā*, que significa 'jugo de aceituna'. La raíz *zait* es, por tanto, la que se emplea para el término *aceite* en idiomas de origen o influencia semítica, como el árabe. En el caso del hebreo, *zait* es aceituna y aceite de oliva sería *shemen zait*. También es la raíz que se emplea en lenguas con una elevada influencia del árabe, como el español (aceite) y el portugués (*azeite*). En cambio, en otras lenguas europeas se conserva la raíz latina de la misma palabra. En latín, aceite es *oleum* del griego ἔλαιον, que también significa 'zumo o jugo de la aceituna'. De ahí surgen las palabras en italiano (*olio*), inglés (*oil*), alemán (*öl*), francés (*huile*), sueco (*olja*), etc. De cualquier forma, usemos la raíz árabe o la latina, cuando decimos aceite en cualquiera de estos idiomas, estamos haciendo referencia a la aceituna. Es decir, etimológicamente hablando, ¡todos los aceites son de oliva! Por cierto, en español, la raíz *oleo* se sigue empleando para usos muy concretos, como en la pintura, el petróleo, las plantas oleaginosas, el ácido oleico, los santos óleos, etc.

El aceite de oliva está inmerso en la cultura no solo mediterránea, sino mundial. El aceite de oliva no es español ni mediterráneo siquiera, ya es universal; no solo forma parte de la vida de los más mayores, sino también de la de los más jóvenes. En el año 2022 se actualizó el conjunto de especies de los juegos Pokemon, y se introdujeron nuevos personajes. Entre ellos se encontraba Smoliv, un pokemon con forma de aceituna. Su nombre proviene del inglés *smol* (por deformación de *small*, 'pequeño') y *olive* ('aceituna'). Este personaje se caracteriza por emitir desde su cabeza un aceite muy amargo y fuerte que no es comestible. En términos oleícolas, sería un aceite de oliva lampante, aunque eso lo veremos más adelante. Smoliv, como todos los pokemon, puede evolucionar y lo hace a Dolliv y este a Arboliva, que está basado en el olivo.

Indispensable en el Mediterráneo, no tanto fuera de él

Los que vivimos en los países que circundan el mar Mediterráneo tenemos la impresión de que el aceite de oliva es uno de los más consumidos en todo el planeta. Puede que sea porque es el que tenemos más cerca o porque es el que tiene más predicamento entre científicos, nutricionistas y médicos, pero también entre restauradores, cocineros y gastrónomos en general. Pero ¿es realmente uno de los aceites más consumidos? Ni por asomo.

Según los datos estadísticos de la Organización de las Naciones Unidas para la Alimentación y la Agricultura (FAO)[1], el aceite más producido en el mundo es el de palma, con unos 80 millones de Tm en 2021. Este aceite se elabora sobre todo en el sudeste asiático, en particular en Indonesia y Malasia. El siguiente aceite en términos de producción mundial es el de soja, que se produce principalmente en China, Estados Unidos, Brasil y Argentina, con unos 60 millones de Tm. En tercer lugar, tenemos el aceite de colza, con 26,5 millones de Tm. Por su parte, el aceite de oliva integra la tabla de los top diez, pero hacia el final, en el puesto número ocho. Es decir, que por delante del aceite de oliva tenemos palma, soja y colza, pero también girasol, palmiste, cacahuete y algodón. Nuestro amado aceite solo supone un 1,4% de la producción mundial, con 3,6 millones de Tm.

Si en lugar de fijarnos en la producción nos fijamos en el consumo, el aceite de oliva sube dos puestos, hasta el sexto, por detrás del de palma, soja, girasol, colza y cacahuete. De media, cada persona en el mundo consume 0,44 kg de aceite de oliva al año. Por supuesto, en la región mediterránea el consumo es mucho más alto. Los griegos se llevan la corona de hoja de olivo. Cada uno consume casi 14 kg de aceite al año, es decir, más de 1 kg al mes y casi 40 g al día. En España, no le vamos muy a la zaga, con 12 kg al año por persona. Y los

---

1. Puede consultarse en https://n9.cl/87v8t.

italianos se quedan un poco más atrás, porque no alcanzan los 10 kg al año (la mitad que en la antigua Roma). En el norte de África también se consume bastante aceite de oliva, pero sin llegar a las cifras del sur de Europa. Túnez y Marruecos son los mayores consumidores, con 4,1 y 3,8 kg por persona cada año.

Como puede verse, el aceite de oliva, especialmente el virgen extra, es un auténtico tesoro cultural en el Mediterráneo, aunque su consumo a nivel mundial ocupa un modesto lugar en las cocinas. Eso sí, mantiene el primer puesto como aceite más saludable del mundo. Ahí no tiene competencia y se merece una enorme corona de olivo, como veremos en los siguientes capítulos de este libro.

CAPÍTULO 2

Aceite de oliva, la piedra angular de la dieta mediterránea

La dieta mediterránea son los padres

La dieta mediterránea no existe. Reconozco que, dicho así, parece bastante tajante, la verdad. Si atendemos a definición de la Real Academia de la Lengua Española (RAE), una dieta es el conjunto de sustancias que regularmente se ingieren como alimento. Por su parte, la Fundación Dieta Mediterránea la define como "una valiosa herencia cultural que representa mucho más que una simple pauta nutricional, rica y saludable. Es un estilo de vida equilibrado que recoge recetas, formas de cocinar, celebraciones, costumbres, productos típicos y actividades humanas diversas". Puesto que se trata de un patrimonio cultural inmaterial de la humanidad, la UNESCO también define la dieta mediterránea y lo hace en estos términos: "La dieta mediterránea comprende un conjunto de conocimientos, competencias prácticas, rituales, tradiciones y símbolos relacionados con los cultivos y cosechas agrícolas, la pesca y la cría de animales, y también con la forma de conservar, transformar, cocinar, compartir y consumir los alimentos". Como puede verse, en ninguna de las dos definiciones se incluyen las sustancias que se ingieren

15

regularmente como alimento, sino la forma de preparar y consumir esos alimentos.

Bien es cierto que en la definición de dieta mediterránea, la RAE sí considera algunos alimentos: "1. f. Régimen alimenticio de los países de la cuenca del mar Mediterráneo basado preferentemente en cereales, legumbres, hortalizas, aceite de oliva y vino" y que la Fundación Dieta Mediterránea proporciona una guía dietética para seguirla, con su pirámide alimentaria y todo. Pero, en definitiva, se trata de ejemplos y recomendaciones, no de alimentos requeridos que deban formar parte de una lista. De la misma forma, no hay un listado de alimentos que no puedan o no deban ser consumidos para seguir la dieta mediterránea.

Hagamos un juego: en las siguientes líneas propondré una serie de alimentos y te pido que pienses si son parte o no de la dieta mediterránea. Vamos allá: tomate, pimiento, maíz, jamón, salmón, queso, cacahuete, bacalao, aguacate, quinoa, patata y aceite de oliva. ¿Podríamos elaborar una dieta mediterránea con estos alimentos? ¿Qué piensas? Si has respondido que sí, dale una vuelta.

Para empezar, el tomate, el pimiento, el maíz, el cacahuete, el aguacate y la quinoa proceden de América. ¿Podemos hablar de dieta mediterránea elaborada con alimentos que no son estrictamente mediterráneos? Si consideramos que sí, eso implica que podríamos incluir cualquier alimento de cualquier parte del mundo. Y además surge otra pregunta: ¿la quinoa es un alimento de la dieta mediterránea? Si la respuesta es que no: ¿por qué la quinoa no y el tomate sí, cuando ambos son alimentos procedentes de América? Dicho de otra forma, la dieta mediterránea no tiene una denominación de origen. Seguimos.

El salmón y el bacalao son pescados y la dieta mediterránea debería incluir pescado, pero, por otra parte, esos dos en concreto no se encuentran en el mar Mediterráneo. ¿Podemos incluir en la dieta mediterránea peces que no podemos pescar en su mar? Si la respuesta es que sí, nos valdría cualquier pescado de cualquier parte del mundo. Vayamos con el jamón: ¿puede concebirse la dieta mediterránea en España sin jamón ibérico? Si has respondido que no, deberías por tanto, incluir el resto de partes del cerdo. Pero ¿te has parado a pensar que en la cuenca del mar Mediterráneo hay muchos países de religión islámica en los que el consumo de cerdo no está permitido? Si incluimos el cerdo en la dieta mediterránea, ¿no estaríamos restringiendo a esos países el consumo de tan maravillosa dieta?

Vamos terminando. El queso: en todos los países mediterráneos se consumen lácteos, incluido el queso. ¿Cómo vamos a pedir a los italianos que no agreguen queso rallado a su pasta como parte de la dieta mediterránea? Tenemos que incluirlo también, pero en ese caso, cualquier queso del mundo formaría parte de la dieta mediterránea. Y, finalmente, el aceite de oliva: ¿podría existir la dieta mediterránea sin él? Creo que estaremos de acuerdo en que no.

Este juego, que hago con cierta frecuencia en las charlas de divulgación que imparto, me permite señalar que la dieta mediterránea no existe como pauta dietética, sino que, como dicen las definiciones anteriores, es una cuestión cultural que tiene que ver con la alimentación, pero no con alimentos concretos… Excepto el aceite de oliva. Sin él, la dieta mediterránea no sería nada más que una dieta basada en vegetales, más o menos saludable. El aceite de oliva es el alma de esta dieta.

Las consecuencias de esta indefinición es que el término *mediterráneo* puede aplicarse casi a cualquier producto. Esto es preocupante cuando alimentos insanos, como los ultraprocesados, son etiquetados como mediterráneos. Por ejemplo, si la pizza es mediterránea porque tradicionalmente se consume en Italia, ¿por qué no va a ser mediterránea una pizza ultraprocesada, compuesta por ingredientes mediterráneos como harina de trigo, queso *mozzarella*, calabacín, cebolla, pimiento rojo, aceitunas negras, tomate, agua, beicon, queso de cabra y aceite de girasol, entre otros? Sí, es cierto, en la lista de ingredientes también podemos encontrar dextrosa, especias, glutamato monosódico, aroma y nitrito sódico. Pero ¿dónde dice que estos ingredientes no pueden formar parte de un alimento mediterráneo? ¿Y por qué no estas tortitas mediterráneas, compuestas por cereales (maíz y arroz), aceite de girasol alto oleico, aceite de oliva y aroma sabor tomate y aceituna?[2] Sí, muy mediterráneas.

Como vemos, resulta extremadamente complicado hacer una definición precisa de la dieta mediterránea. Por eso, hay quien sostiene que la "verdadera" dieta mediterránea es la que se consumía en Creta en los años cincuenta.

El *hype* de la dieta mediterránea

Hasta 1975 nadie había hablado de la dieta mediterránea. En los países que circundan el Mediterráneo, era simplemente el régimen dietético habitual. ¿Qué ocurrió ese año? Se publicó el libro *How to Eat Well and Stay Well. The Mediterranean Way* ('Cómo comer bien y estar bien al estilo mediterráneo') y todo cambió. Se trataba de un libro de recetas de cocina escrito a cuatro manos por el matrimonio Ancel y Margaret Keys. En él se mencionaba por primera vez el término dieta mediterránea, aunque no se definía explícitamente. Anteriormente, en 1959, el matrimonio ya había publicado un libro que se titulaba *How to Eat Well and Stay Well* sobre cocina tradicional estadounidense con un enfoque importante sobre la salud y el colesterol en particular. Fue traducido al español y publicado en 1963 con prólogo de Francisco Grande Covián, con quien Keys mantenía una colaboración científica. Posteriormente, y como fruto de los descubrimientos sobre la dieta en los países

---

2. Tanto la composición de ingredientes de la pizza como de estas tortitas pueden encontrarse en la web Open Food Facts, https://n9.cl/8iripg y https://n9.cl/i3fxk.

del Mediterráneo, se publicó la segunda parte, que se subtituló *El estilo mediterráneo* y que fue todo un superventas.

A Ancel Keys se le ha llamado padre de la dieta mediterránea y Míster Colesterol (Allbaugh, 1953). Su popularidad trasciende la habitual de los científicos, y más la de los dedicados a la nutrición. Probablemente, eso se deba a la publicación de los libros mencionados, así como a un tercero titulado *The benevolent bean* ('La habichuela benévola'), todos ellos escritos junto con su esposa.

Ancel Keys fue un afamado fisiólogo de la Universidad de Minnesota. Su interés por la dieta y las enfermedades cardiovasculares comenzó en los años cincuenta, cuando observó un fenómeno aparentemente paradójico: los ejecutivos de empresas estadounidenses, presumiblemente entre las personas mejor alimentadas, tenían altas tasas de enfermedades cardiacas. Por el contrario, en la Europa de la posguerra tras la Segunda Guerra Mundial, la mortalidad por enfermedad cardiovascular había disminuido marcadamente en la misma medida que se había reducido el suministro de alimentos. En 1951, Keys visitó España, también en posguerra tras la Guerra Civil, invitado por Carlos Jiménez Díaz y acompañado de Francisco Grande Covián (Carmena, 2005). En su visita pudo observar diferencias impactantes entre barrios madrileños. En barrios humildes de la posguerra, como Vallecas y Cuatro Caminos, donde apenas bebían leche ni comían mantequilla ni carne, los valores de colesterol eran muy bajos y las enfermedades coronarias eran prácticamente desconocidas. Por el contrario, en el acomodado barrio de Salamanca, donde sus habitantes disfrutaban de una dieta mucho más rica en grasas animales, las cifras de colesterol eran más elevadas y sufrían más infartos de miocardio. Todas estas observaciones lo llevaron a postular que existía una correlación entre los niveles de colesterol en sangre y las enfermedades cardiovasculares. Los resultados de sus observaciones en seis países (Japón, Italia, Inglaterra, Gales, Australia, Canadá y

Estados Unidos) fueron publicados en 1953. De ahí surgió su célebre hipótesis de dieta, lípidos y enfermedad cardiaca, que presentó en una reunión celebrada en 1955 en la Organización Mundial de la Salud en Ginebra.

En su periplo europeo, Ancel y Margaret visitaron también Italia. Llegaron desde Suiza, y ya desde el inicio se maravillaron con el país. Las siguientes líneas son un extracto del libro de recetas que mencionaba antes:

Los copos de nieve empezaban a volar cuando salimos de Estrasburgo el cuatro de febrero. Todo el camino a Suiza condujimos en una tormenta de nieve [...] Del lado italiano el aire era templado, las flores eran alegres, los pájaros cantaban y disfrutábamos de una mesa al aire libre tomando nuestro primer café espresso en Domodossola.

También se sorprendieron con la dieta de los italianos:

Minestrone casero [...] Pastas en infinita variedad [...] Servido con salsa de tomate y una pizca de queso, solo ocasionalmente enriquecido con algunos trozos de carne, o servido con un poco de marisco local. [...] Un plato abundante de frijoles [...] Mucho pan que no había pasado más que unas pocas horas desde que saliera del horno y nunca servido con ningún tipo de sustancia para untar [...] Grandes cantidades de verduras frescas; una porción modesta de carne o pescado quizás dos veces por semana; vino del tipo que nosotros solíamos llamar "Dago rojo" [...] siempre fruta fresca de postre.

En Nápoles, Ancel Keys quedó impresionado por las tasas de longevidad de la población, cuya esperanza de vida media superaba en un 15% la de Estados Unidos. Después, continuó la costa del Cilento, donde el tiempo parecía haberse detenido. Convencido de que había algo especial en la forma de vivir y comer de aquella región, en 1962 compró un terreno en la localidad cilentana de Pioppi, donde se instaló durante los siguientes 35 años. El científico siempre dijo que se había instalado en Pioppi para prolongar su vida al menos 20 años más (Moro, 2014). Y parece que lo logró, porque murió a los cien.

Para entonces, ya había comenzado el Estudio de los Siete Países, probablemente uno de los más célebres en la breve historia de la ciencia de la nutrición y, con seguridad, el que dio lugar al fenómeno de la dieta mediterránea. En este estudio participaron más de 12 000 varones de entre 40 y 59 años, habitantes de Yugoslavia, Países Bajos, Estados Unidos, Grecia, Japón, Italia y Finlandia. Estas personas estaban agrupadas en cohortes, 16 en total, y fueron seguidas durante 26 años. En 1980 se publicaron los primeros resultados (Keys, 1980). El estudio corroboró la hipótesis del colesterol de Keys, es decir, que mayores niveles de colesterol se asociaban con mayor mortalidad por enfermedad cardiovascular (Kromhout, 1999). Pero lo más importante fueron las diferencias entre cohortes: la tasa de mortalidad cardiovascular más alta fue la de la cohorte de Finlandia Este (120 fallecimientos por 1000 participantes) y la más baja la de Creta (3,8 fallecimientos por 1000 participantes). Evidentemente, algo estaba pasando en Creta; la pregunta era qué.

Al estudiar la dieta de los finlandeses y los cretenses, el equipo de Keys no encontró grandes diferencias en el consumo total de grasas (38,5% de las calorías diarias en Finlandia Este por 36,1% en Creta) ni alcohol (3% de las calorías diarias en Finlandia Este por 4% en Creta). En cambio, las diferencias más llamativas se encontraron al analizar el consumo de ácidos grasos saturados y monoinsaturados: los finlandeses consumían tres veces más calorías procedentes de ácidos grasos saturados que los cretenses y la mitad de monoinsaturados; es decir, mucho mayor consumo de grasas procedentes de animales y mucho menor de aceites vegetales. El principal aceite vegetal consumido en Creta a mitad de siglo XX era, cómo no, el aceite de oliva.

En 1948, el Gobierno de Grecia invitó a la Fundación Rockefeller a llevar a cabo un estudio sobre las condiciones de vida de la isla de Creta para intentar mejorar la calidad de vida de la población tras la Segunda Guerra Mundial. El informe Rockefeller dijo lo siguiente: "Aceitunas, cereales, legumbres, hortalizas silvestres y hierbas y frutas, junto con cantidades limitadas de carne de cabra y la leche, la caza y el pescado siguen siendo los alimentos básicos de Creta después de cuarenta siglos. […] Ninguna comida estaba completa sin pan. […] Las aceitunas y el aceite de oliva contribuían en gran medida al aporte energético. […] La comida parecía literalmente estar nadando en aceite" (Allbaugh, 1953). No he podido evitar recordar las tostadas del desayuno de algún compañero del Instituto de la Grasa-CSIC completamente empapadas en aceite de oliva virgen extra.

No todo fue un camino de rosas para Keys

El trabajo de Ancel Keys fue severamente criticado desde los inicios. El epidemiólogo Jacob Yerushalmy y el médico y comisionado de salud del estado de Nueva York en los años cincuenta Herman E. Hilleboe señalaron que Keys había seleccionado 6 países de 22 para los cuales había datos disponibles en el estudio que publicó en 1953. Hizo lo que en argot científico se denomina *cherry picking*, que podría traducirse como 'recoger cerezas'. Está expresión hace referencia a la selección de datos que cumplen con la hipótesis previa; es decir, Keys postulaba que el consumo de grasas saturadas y de calorías totales se asociaba con la mortalidad cardiovascular, así que, según sus críticos, eligió publicar solo los datos que respaldaban esta hipótesis (Yerushalmy y Hilleboe, 1957).

Por su parte, el fisiólogo y nutricionista británico John Yudkin pensaba que el azúcar, y no la grasa, era la causa más probable de las enfermedades cardiovasculares (Yudkin, 1964).

Keys se opuso frontalmente e insistió en el papel de las grasas en una respuesta bastante airada para estar escrita en un artículo científico: "Está claro que Yudkin no tiene base teórica o evidencia experimental para respaldar su afirmación de una influencia importante de la sacarosa dietética en la etiología de la enfermedad coronaria. [...] Hay muchos buenos argumentos para reducir la avalancha de sacarosa en la dieta sin crear una montaña de tonterías sobre la enfermedad coronaria" (Keys, 1971).

Hoy en día sabemos de sobra que el papel del azúcar fue subestimado durante décadas y que de forma injusta el foco se centró en las grasas, sobre todo en las saturadas. En 2016 estalló el escándalo de que la Fundación de Investigación en Azúcar (SRF, hoy Asociación del Azúcar), que representa a las compañías azucareras estadounidenses, había patrocinado un programa de investigación en la Universidad de Harvard (Kearns, Schmidt y Glantz, 2016). El objetivo era arrojar dudas sobre los peligros del azúcar y, al mismo tiempo, promover que la grasa era la culpable dietética de la enfermedad cardiovascular. Uno de los críticos más inmisericordes de Ancel Keys fue Robert Lustig, endocrinólogo infantil en la Universidad de California. Además de apuntar al *cherry picking*, Lustig criticó que Keys no había tenido en cuenta el consumo de grasas trans y que los buenos resultados encontrados en Japón e Italia podían explicarse por un bajo consumo de azúcar (Lustig, 2012).

Otro olvido imperdonable de Keys estaba relacionado con las prácticas religiosas de los cretenses. En 2004, Geoffrey Cannon, editor adjunto de la revista *Public Health Nutrition*, sugirió que los resultados del Estudio de los Siete Países pudieran haber estado influidos por el periodo de Cuaresma (Cannon, 2004). Para confirmarlo, Katerina Sarri y Anthony Kafatos, de la Universidad de Creta, se entrevistaron con Christos Aravanis, que había sido el responsable del estudio en las cohortes griegas y que aún seguía vivo. Aravanis admitió que en la década de

1960, el 60% de los participantes del estudio ayunaban durante los cuarenta días de Cuaresma y seguían estrictamente todos los periodos de ayuno de la Iglesia de acuerdo con las doctrinas de la Iglesia ortodoxa griega. Estas prescriben principalmente la abstinencia periódica de carne, pescado, productos lácteos, huevos y queso, así como evitar el consumo de aceite de oliva algunos miércoles y viernes. También confirmó que este hecho no se tuvo en cuenta en el estudio y que no se diferenció entre participantes que ayunaban y los que no. Por tanto, los impresionantes resultados observados en Creta podrían deberse a que una buena parte de los sujetos habían reducido el consumo de grasas saturadas esas semanas.

Las críticas al estudio de Keys y a la hipótesis lipídica han llegado hasta nosotros. Hoy sabemos que la enfermedad cardiovascular es un fenómeno mucho más complejo que el que se presentaba a mediados del siglo pasado. Entre otros sucesos, en el proceso de formación de las placas de ateroma (los acúmulos de grasa en las paredes de las arterias) tiene lugar un proceso de inflamación crónico de bajo grado. Es decir, las arterias de las personas que sufren una enfermedad cardiovascular están permanentemente inflamadas y la dieta tiene un papel importante. Este fenómeno era desconocido en la época de Keys; no obstante, sus resultados siguen siendo válidos en gran medida. Desde que se planteó por vez primera que el estilo de vida mediterránea se asociaba con mayor protección frente a las enfermedades cardiovasculares y a mayor longevidad, los estudios que lo confirman se cuentan por centenares. Asimismo, los resultados del Estudio de los Siete Países pusieron el aceite de oliva bajo los focos. Desde entonces, miles de investigadores de todo el mundo nos embarcamos en la aventura de demostrar que el aceite de oliva virgen es el más saludable de los aceites y en descubrir por qué.

CAPÍTULO 3

Elaboración y calidad del aceite de oliva

Una mañana cualquiera del mes de diciembre en Jaén, poco después del amanecer. Una cuadrilla de hombres y mujeres caminan por el campo. El semblante serio, el sueño pegado a los párpados, el frío en los huesos. Se dirigen al olivar y tienen por delante muchas horas de trabajo, helados hasta que el ejercicio y el sol calienten sus cuerpos. Es tiempo de cosecha y con el trabajo de esa campaña podrán vivir unos meses más. Pero el trabajo es duro y la paga escueta. Por eso, cada vez es más difícil encontrar quien quiera recoger la aceituna en los campos andaluces. Gracias a ellos, la aceituna llega a las almazaras. Sin ellos, no habría aceite. Aceituneros que llevan siglos y siglos cosechando aceituna.

Pero mejor que yo y, sobre todo, de forma más poética, describe la labor de los aceituneros José Antonio Muñoz Rojas, el poeta del campo:

Desde lejos son unos humos lentos sobre los olivares. Acercándose, un rumor disperso. Voces, alguna copla, el ruido de un banco que se cierra, el manoteo rápido sobre las hojas, el aleteo del aventador, la caída continua y mullida de la aceituna, como una cascada negra, en los sacos. Pocas veces hará la tierra más suyos a los hombres que en las aceitunerías. Aceituna arrugada, verde, vinosa, al igual que los rostros, que las ropas, que las manos enterronadas. Salen de mañana arrecidos, se reparten por el olivar, atacan a los árboles, recogen ávidamente su fruto, izan las canastas sobre las testas. Van las aceituneras pardas, sucias, apenas los ojos brillantes entre los pañuelos, apenas salvándose la gracia de una forma bajo los pantalones. Los olivos se les entregan y revierten las ramas despojadas a la altivez de antes, a esperar la nueva flor que el aire les tiene guardada. Y los aceituneros siguen camada adelante, a lo suyo, oscuros, torpes, implacables. Aquí lo humano no guarda par con lo sereno del día, con la paz, con la limpieza del aire. Todo se vuelve afán, prisa, que nada quede. El rumor pasa y tras él quedan inhiestos los ramones, quieto el aire. Y la madre grita: —Y que el niño no se vaya a quedar atrás. Y el niño viene bamboleándose, aburridillo, sin comprender muy bien todo aquello, agradecido al solecito de enero, después del frío inexplicable de una noche antes.

El zumo de la aceituna

El de oliva es uno de los pocos aceites comestibles que se obtienen de un fruto, la aceituna, y no de una semilla, como es el caso del girasol, la soja, la colza, el cacahuete, el sésamo, etc. Otros aceites obtenidos de frutos son el de aguacate, el de coco y el de palma. En este último caso, hay que distinguir el aceite de palma del de palmiste, ya que el primero se extrae a partir del fruto de la palma y el segundo a partir de la semilla.

Tradicionalmente, todos los aceites obtenidos de frutos de plantas se extraían por presión, es decir, el líquido oleoso que se recoge es un zumo graso de ese fruto. Así ocurre también en el caso del aceite de oliva, por lo que se lo suele llamar zumo de la aceituna. De hecho, como decía en el primer capítulo, aceite deriva de *as-sait* o 'zumo de la aceituna'.

Para obtener un aceite de buena calidad es importante cuidarlo desde la recogida de la aceituna. Desde tiempos inmemoriales, la aceituna se ha cosechado vareando el olivo, es decir, golpeando sus ramas con una vara larga, de manera que el fruto cae al suelo, de donde se recoge. En las cuadrillas de trabajo, los hombres tenían la labor de varear y las mujeres de ir recogiendo la aceituna desde el suelo y retirando las impurezas. Por supuesto, las aceitunas pueden cogerse del árbol directamente con las manos, pero esa operación implica mucho más tiempo, aunque por otro lado se obtiene un aceite de mejor calidad, pues el procedimiento es más respetuoso con el árbol y se obtienen frutos menos dañados.

Como es obvio, los zumos se extraen por presión, pero en el caso de la aceituna, antes es necesario molerla. Los métodos de molienda han ido variando con ligeras modificaciones desde antiguo, pero en realidad siempre se ha tratado de colocar la aceituna entre dos piedras y hacer presión. Para saber cómo lo hacían los romanos, lo mejor es acudir a aquel que mejor describió los trabajos en el campo, el gaditano Lucius Junius Moderatus Columella, conocido como Columela. Según su célebre obra *De rustica,* había varios dispositivos para la molienda de aceitunas, entre los cuales destacaban la *mola olearia,* el *trapetum* y el *canalis et solea.* La *mola olearia* consistía en una piedra circular que rodaba sobre una base plana inclinada con un orificio en el centro para un vástago que sostenía la piedra circular. Aunque el método no rompía el hueso de la aceituna, erosionaba la piedra plana, dejando pequeños trozos en el aceite, por lo que no era muy bien valorado. El *trapetum,* más avanzado y perdurable en el tiempo, usaba un mortero de roca volcánica. Las aceitunas se molían con dos piedras semiesféricas, operadas por hombres, que podían triturar completamente los huesos o solo la parte carnosa, según la altura ajustada contra las paredes del mecanismo. El método de *canalis et solea* era parecido al que ha perdurado para el pisado de la uva en la elaboración de vino. En el caso de las aceitunas, se empleaban zuecos de madera, seguido de la adición de agua caliente. Este proceso producía un aceite de calidad superior, ya que el hueso no se fracturaba, preservando así el sabor; en Córcega, llegó a emplearse hasta el siglo XX (Ávila Rosón y Fernández Sánchez, 2009).

Durante mucho tiempo, se consumió solamente el aceite que se obtenía directamente desde la molienda, pero hay evidencias de que en el siglo VI a. C. ya se prensaba la pasta de aceituna para extraer aún más aceite y separarlo de la fase acuosa. De entre los distintos tipos de prensa, la que perduró durante más tiempo y hasta muy avanzado el siglo XX fue la de tornillo, que se empleó hasta que fue sustituida por la prensa hidráulica. En estas se colocaban unos discos de esparto llamados capachos y, entre ellos, la pasta de aceituna molida. Al presionar, una mezcla de aceite y agua de vegetación se filtraba entre los huecos de los capachos. Esa mezcla se recogía y se dejaba reposar en depósitos de decantación. Puesto que el aceite tiene menos densidad que el agua, tiende a desplazarse a la parte superior, mientras que el agua queda en la inferior. De esa forma, era posible separar el aceite del agua. En el fondo del depósito quedaban también los residuos sólidos. Así de simple era la extracción del aceite de oliva.

Sistemas modernos

Sevilla es una de las provincias olivareras por antonomasia y su capital fue una de las ciudades más importantes del mundo desde el punto de vista cultural, histórico y económico durante la Edad Media y la Edad Moderna. Gran parte del comercio europeo en los siglos XVI y XVII pasaba por Sevilla, así que era una ciudad muy poblada donde se podían encontrar comerciantes, marinos y aventureros. Pero también era una ciudad muy peligrosa, sobre todo por la noche. Hasta el siglo XVIII no hubo iluminación pública en las calles, por lo que era común que los nobles fueran acompañados de lacayos con antorchas y escoltas armados.

Esta situación cambió con la llegada de la monarquía borbónica en el siglo XVIII. En esa época, después de la gloria de tiempos pasados, la ciudad había caído presa de la decadencia, lo que aumentó la delincuencia en las calles. Por eso, en 1732, el asistente de Sevilla, Manuel de Torres, propuso que los propios vecinos iluminaran las fachadas de sus casas. Para ello, debían encender velas y faroles entre la puesta de sol y la medianoche. El combustible de esos faroles era aceite de oliva lampante. Sin embargo, la medida no fructificó porque eran los propios vecinos los que pagaban el aceite y la medida no era obligatoria. Tuvieron que ser Larumbe y Olavide los que tomaran medidas más contundentes, imponiendo la colocación de lámparas de aceite en las fachadas bajo pena de multa. Además, cerraron los bares al anochecer y establecieron un toque de queda nocturno.

Este sistema de iluminación con lámparas de aceite perduró hasta mediados del siglo XIX. En la década de 1860, el alcalde Juan José García de Vinuesa trasladó la responsabilidad del alumbrado a la administración municipal y sustituyó las lámparas de aceite por unas de gas. La empresa Catalana de Gas proporcionaba el nuevo combustible, y surgió así la figura de los serenos, encargados de encender y apagar el gas en las calles. Como consecuencia, el aceite de oliva dejó de emplearse en la iluminación nocturna de la ciudad.

Así como en Sevilla, otras ciudades de España y Europa también dejaron de emplear aceite para la iluminación y se pasaron al gas. Del mismo modo, dejó de utilizarse aceite de oliva como lubricante y fue sustituido por aceites minerales. Como consecuencia, se redujo el consumo y exportación de aceite y el cultivo del olivo entró en crisis a finales del siglo XIX. Por eso, los sistemas tradicionales de extracción de aceite de oliva se mantuvieron con pocas modificaciones hasta bien entrado el siglo XX. De hecho, en el siglo pasado todavía era muy común ver almazaras que empleaban grandes muelas de piedra para moler aceituna, llamadas empiedros[3].

Sin embargo, la introducción de tecnología industrial en la almazara permitió procesar mayores cantidades de aceitunas en menos tiempo, lo cual resultó crucial para satisfacer la creciente demanda de aceite de oliva en el mercado global. En esto tuvo mucho que ver la popularización del aceite de oliva en el último tercio del siglo pasado, gracias a los avances científicos asociados con la salud. El hecho de procesar mucha más aceituna permitía acortar los tiempos de almacenaje de la misma en los patios de las almazaras, reduciendo el deterioro del fruto y mejorando la calidad del aceite producido, lo que era fundamental para mantener la reputación del aceite de oliva en el mercado.

Aunque los empiedros siguen manteniendo almazaras para conseguir un aceite de oliva más artesanal, lo habitual hoy en día es que la molturación de la aceituna se haga con molinos de martillo, normalmente horizontales. En ellos se va introduciendo la aceituna de forma continua y recibe el impacto de unos martillos metálicos que giran a gran velocidad. Las partículas resultantes tienen que pasar por una criba de un diámetro determinado. Si no lo hacen, siguen dentro del molino hasta que tienen un tamaño suficientemente pequeño. La principal ventaja de este sistema es que favorece la extracción de aceite de forma continua; es decir, solo hay que seguir añadiendo aceituna para obtener la pasta de aceituna, que pasa a la siguiente etapa del proceso. Por otro lado, uno de los inconvenientes es que las cribas giran a gran velocidad, aumentando la temperatura de la pasta, lo que puede reducir la calidad del aceite que se obtenga. Además, se pueden crear emulsiones con el agua de la aceituna, que necesitan periodos de batido más largo para separarse.

---

3. En el Instituto de la Grasa tenemos uno de esos empiedros en el vestíbulo, como recuerdo a los antiguos métodos de extracción.

Ese es precisamente el siguiente paso del proceso: el batido. El objetivo de esta etapa es separar el aceite procedente de las células de la aceituna que se han roto en la molturación, mediante su agregación. Es decir, las gotitas de aceite que van saliendo se van uniendo unas con otras y separándose del agua y de los restos celulares. Las batidoras, también horizontales, tienen una camisa por donde se hace circular agua caliente para facilitar el proceso de extracción y agregación de las gotas de aceite. Esta temperatura ha de controlarse de forma muy exhaustiva porque, como decía antes, afecta en gran medida al aceite que se obtiene. Cuanto mayor sea el tiempo de batido y su temperatura, mayor será el rendimiento en la extracción, pero lo será en detrimento de la calidad, aumentando la acidez y reduciendo el contenido en compuestos fenólicos totales. Estos compuestos son de gran interés, tanto desde el punto de vista sensorial, como desde la conservación del producto y de la salud, como veremos más adelante. Normalmente, no es conveniente pasar de los 20 minutos de batido ni de los 30 °C de temperatura (Gallina *et al.*, 2004; Di Giovacchino *et al.*, 2002).

Tras el batido, la pasta obtenida se centrifuga en un proceso continuo que consigue separar el aceite de oliva virgen mediante la fuerza centrífuga del resto de fases: la líquida (agua de vegetación que procede de la aceituna) y la sólida (orujo). Por el número de fases que se obtienen —oleosa, acuosa y sólida—, este proceso se denomina centrifugación en tres fases y suele incluir la adición de agua tibia para aumentar la fluidez de la mezcla y promover la separación de las fases líquida y sólida. Esto tiene un importante efecto sobre el contenido en unos de los compuestos bioactivos más importantes del aceite de oliva, los fenoles, ya que, al ser solubles en agua, tienden a pasar más rápido a la fase líquida y quedan menos en el aceite.

Uno de los inconvenientes del método de centrifugación en tres fases es la producción de un volumen considerable de agua de vegetación que varía entre 60 y 100 L por cada 100 kg de aceitunas. Esa fase acuosa se denomina alpechín y ha sido un problema medioambiental durante mucho tiempo, con una producción aproximada de 10 a 12 millones de metros cúbicos cada año (Borja, Raposo y Rincón, 2006). Dado que no existía un método adecuado para deshacerse de él, muchas almazaras lo acumulaban en balsas, incrementando el riesgo de contaminación. El alpechín es rico en compuestos fenólicos, pero estos son muy sensibles a la oxidación y dan lugar a sustancias tóxicas cuando entran en contacto con el oxígeno durante tiempos prolongados. Además, contiene una considerable cantidad de azúcares, que son susceptibles de fermentar, dando lugar a la proliferación de microorganismos, algunos de los cuales pueden ser patógenos.

A principios de los años noventa, para evitar los inconvenientes del decantador de tres fases, las industrias del sector pusieron en marcha un nuevo decantador, llamado de dos fases. Este nuevo sistema permitía centrifugar la pasta de aceituna sin añadir agua para separar únicamente el aceite y el orujo, evitando la producción de agua de vegetación y, por tanto, el alpechín. A cambio, se obtenía un subproducto muy húmedo denominado alperujo, como contracción de alpechín y orujo. De esa forma se evitaba la acumulación en balsas del alpechín contaminante además de ahorrar una gran cantidad de agua. Por estos motivos, la gran mayoría de la industria olivarera española ya emplea este sistema de dos fases. En otros países, como Grecia e Italia, la implementación es menor, pero ronda del 60 al 80% de las almazaras (Di Giovacchino, 2000).

Cuando se utiliza un decantador de dos fases, el orujo húmedo obtenido contiene aceite no extraído. Por ello, en algunas ocasiones, se recupera parte de dicho aceite mediante una segunda centrifugación (Di Giovacchino y Costantini, 1991; Alba Mendoza *et al.*, 1996). A partir de la segunda extracción, la cantidad de aceite recuperado es muy pequeña y el aceite puede tener mayor acidez. Con este proceso habría terminado la extracción y se obtendría aceite de oliva virgen. Otra cuestión aparte es la calidad del aceite obtenido.

¿Cuántos aceites de oliva conocemos?

Hasta ahora he hablado de aceite de oliva empleando sus apellidos virgen y virgen extra casi indistintamente, o incluso sin mencionarlos. Pero, en realidad, la composición de los aceites que se pueden obtener de la aceituna es bastante diferente, sobre todo en lo que atañe a la salud. En función del procedimiento de elaboración, existe una multitud de tipos de aceites de oliva, a saber: aceite de oliva virgen, aceite de oliva virgen extra, aceite de oliva refinado, aceite de oliva, aceite de oliva lampante, aceite de orujo de oliva crudo, aceite de orujo de oliva refinado y aceite de orujo de oliva. Para poder distinguir unos de otros, es importante tener en cuenta el proceso de extracción del aceite que hemos visto más arriba y no importa si es el de dos o el de tres fases.

El producto que se obtiene mediante la extracción mecánica que he descrito es el aceite de oliva virgen (figura 1). Ahora bien, este aceite puede tener una calidad excelente, en cuyo caso se denomina extra, una calidad intermedia y se queda como está, *virgen*, o una mala calidad y será lampante. Este último es el que se empleaba para alumbrar, como hemos visto anteriormente, y de ahí el apodo. Hoy en día ya nadie ilumina con aceite de oliva lampante, así que, para aprovecharlo, se somete a refinación, que consiste en la eliminación mediante métodos químicos y físicos de aquellas sustancias que empobrecen la calidad del aceite y que proporcionan mal color y olor, acidez, turbidez, etc. Lamentablemente, además de estas sustancias desagradables, la refinación también elimina compuestos de interés nutricional, como los fenoles, y de interés organoléptico, como los aromas. El resultado del proceso es el aceite de oliva refinado, un aceite muy plano, sin carácter y con poco interés nutricional. Sin embargo, no lo habrás visto como tal en los supermercados. La legislación[4] obliga a encabezar el aceite de oliva refinado con aceite de oliva virgen, es decir, la adición de una pequeña cantidad de este aceite (alrededor del 10%), que le proporciona algo de color y sabor. El resultado es el aceite de oliva, que oficialmente se denomina como "aceite de oliva, que contiene exclusivamente aceites de oliva refinados y aceites de oliva vírgenes". Así de largo y raro se puede encontrar en las botellas del supermercado.

FIGURA **1**
Proceso de elaboración de los diferentes aceites de olivar: aceite de oliva virgen extra, aceite de oliva virgen, aceite de oliva (común) y aceite de orujo de oliva.

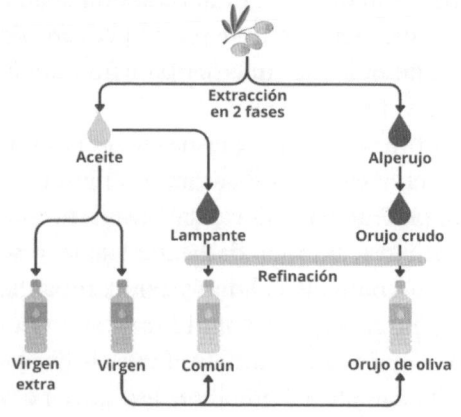

Por otra parte, están los aceites de orujo de oliva. Tanto el orujo del sistema de extracción en tres fases como el alperujo del sistema de dos fases contienen aún una cantidad

---

4. Real Decreto 760/2021, de 31 de agosto, por el que se aprueba la norma de calidad de los aceites de oliva y de orujo de oliva, BOE n.º 209, 1 de septiembre de 2021.

apreciable de aceite que se puede extraer, entre un 2,5 y un 6%. El aceite de orujo de oliva crudo sería, por tanto, el obtenido por tratamiento con disolventes u otros procedimientos físicos de ese subproducto, según la Norma comercial de los aceites de oliva y los aceites de orujo de oliva del Consejo Oleícola Internacional[5]. Del mismo modo que ocurre con el aceite de oliva, el de orujo también debe ser refinado y encabezado con aceite de oliva virgen antes de ser comercializado como aceite de orujo de oliva.

Este aceite ha tenido mala prensa durante muchos años; algunas personas consideraban incluso que se trataba de un aceite tóxico o peligroso. Esta mala fama tiene su origen en una lamentable circunstancia ocurrida en el año 2001. En mayo de ese año, las autoridades de la República Checa alertaron al Gobierno español de la presencia de alfa-benzopireno en partidas de aceite de orujo que se habían exportado desde España. Las concentraciones rondaban entre los 80 y 90 mg por cada kg de aceite y sobrepasaban mucho lo marcado por la Organización Mundial de la Salud, que era de 1 a 2 mg/kg. El alfa-benzopireno (o benzo-α-pireno) es un hidrocarburo aromático policíclico (HAP) que se acepta como cancerígeno basándose principalmente en estudios realizados en animales. Esta sustancia está presente en muchos alimentos, sobre todo en los que han sufrido procesos de calentamiento a muy altas temperaturas (más de 300 °C), como los cocinados en parrilla y barbacoas, así como en los desecados, aunque no tanto en los fritos, horneados y ahumados (Rose *et al.*, 2015). También se encuentra en el agua corriente, aunque en concentraciones muy bajas. De hecho, en aquel momento, la única legislación comunitaria con respecto a este compuesto químico se refería, precisamente, al agua.

Alarmados por la comunicación recibida, el Ministerio de Sanidad ordenó la inmovilización de todo el aceite de

---

5. Consejo Oleícola Internacional (COI), 2022, Norma comercial de los aceites de oliva y los aceites de orujo de oliva, COI/T.15/NC n.º 3/Rev. 19.

orujo a nivel nacional, lo que supuso una catástrofe para el sector orujero. Por otra parte, la ministra de Sanidad de la época, Celia Villalobos, realizó unas declaraciones a la prensa que no contribuyeron a aportar calma dada la situación, ni entre los consumidores ni entre los productores. En concreto, afirmó: "Si se arruina alguien, que se arruinen cuarenta, y no que se me mueran cuarenta millones de personas". Seis años después de la orden, el Tribunal Supremo declaró ilegal la retirada del aceite de orujo, amparándose en que el riesgo de que el alfa-benzopireno podía generar cáncer era una consideración genérica y no un riesgo cierto. Sin embargo, el daño ya estaba hecho y el consumo de aceite de orujo se había desplomado. A pesar de todo, hubo una segunda consecuencia: la innovación en los procesos de obtención del aceite de orujo[6].

Hoy en día, el aceite de orujo de oliva está recobrando el prestigio que nunca debió haber perdido. No solo no se trata de un alimento tóxico, sino más bien al contrario, pues puede contribuir a un buen estado de salud. Así lo sugieren las investigaciones científicas que están sacando a la luz la potencialidad de los compuestos bioactivos que contiene, cuya presencia se debe a que en el alperujo queda una cantidad considerable de pulpa y piel de la aceituna, además de hoja del olivo.

El aceite de oliva también se refina

Algunos *influencers* y generadores de noticias falsas la tienen tomada con los aceites refinados. Me imagino que serán los quimiofóbicos, es decir, aquellos que tienen un miedo exacerbado a los productos químicos y que no se percatan de que

---

6. Como ejemplo de los desarrollos en los procesos de elaboración del aceite de orujo están los del equipo de la doctora M.ª Victoria Ruiz Méndez, del Instituto de la Grasa-CSIC, que permite obtener aceites de orujo elaborados a bajas temperaturas (menos de 270 ºC), lo que evita la formación de HAP (Ruiz Méndez, Dobarganes y Sánchez, 2009).

todo lo que comemos, lo que bebemos y hasta el aire que respiramos, incluso el más puro, es química. Si bien es cierto que hay productos químicos peligrosos y que pueden causar enfermedades, no es menos cierto que los productos "naturales" también pueden hacerlo porque, de hecho, también son productos químicos.

El caso es que hay personas que tienen un rechazo frontal a los aceites que han sido sometidos a un proceso de refinación. Hace un par de años, por ejemplo, vi una infografía en la red social Twitter (aún se llamaba así) publicada por una cuenta con más de 150 000 seguidores en la que se hacían las siguientes afirmaciones: "[El aceite de canola] se refina utilizando exane [*sic*] un componente de la gasolina", "Es necesario desodorizar el aceite para que sea apetecible para el consumo humano" y "Los omega 3 se transforman en trans durante el proceso de desodorización". De estas tres frases solo una es cierta, la segunda; las otras dos son completamente falsas y tuve que dedicar un hilo para explicarlo. Por un lado, el aceite de canola (colza) no se refina utilizando hexano. El hexano es un disolvente orgánico que se emplea en la extracción del aceite de la semilla, no en la refinación. Es un hidrocarburo que se obtiene del petróleo, no de la gasolina, al igual que otros muchos disolventes, plásticos, etc. Después de su utilización, el hexano se evapora (es muy volátil) y en el aceite no queda absolutamente nada, así que no hay peligro para la salud. Por otro lado, aunque es cierto que los aceites refinados se desodorizan, el contenido en ácido alfa-linolénico en el aceite de colza es bastante bajo. Además, la desodorización se realiza con vapor y, aunque las temperaturas empleadas podrían llegar a generar ácidos grasos trans, su contenido es también mínimo y siempre por debajo del máximo marcado por la legislación.

La realidad es que la gran mayoría de los aceites comestibles que se consumen a nivel mundial (98 y 99%) están refinados, incluyendo el aceite de oliva (excepto virgen y virgen extra) y el aceite de orujo de oliva. Así pues, la refinación es un proceso imprescindible en la elaboración de casi todos los aceites vegetales.

La refinación es el proceso mediante el cual se eliminan componentes de los aceites que pueden causar desagrado, pero también aquellos que pueden llegar a ser tóxicos para el ser humano. En ese proceso se distinguen varias etapas (tabla 1), como la neutralización de los ácidos grasos libres y la separación del material insoluble resultante (Ruiz-Méndez, Aguirre-González y Marmesat, 2013). El término *refinado* se utiliza tanto para procesos físicos como químicos.

TABLA 1
Etapas básicas de un proceso de refinación química.

ETAPA	COMPUESTOS ELIMINADOS	PROCESO
Lavado/desgomado	Fosfolípidos	Adición de ácido fosfórico o cítrico
Neutralización	Ácidos grasos libres	Adición de hidróxido sódico (sosa)
Decoloración	Pigmentos/metales/jabones	Paso por tierras decolorantes y filtración
Winterización	Ceras/triglicéridos saturados	Enfriamiento
Desodorización	Volátiles/ácidos grasos libres	Arrastre con vapor

La primera etapa es el desgomado, cuyo objetivo es eliminar los fosfolípidos, también llamados gomas. Estos compuestos, formados por una molécula de glicerol unida a ácidos grasos y ácido fosfórico, tienen un fuerte carácter emulsionante. Por eso, se emplean en muchos procesos de producción de alimentos. Por ejemplo, son los mismos que mantienen estable una mayonesa sin que se separen agua y aceite. Pero, además, suelen asociarse a metales prooxidantes, lo que genera turbidez y oscurece el aceite. Para eliminarlos completamente es necesario transformarlos mediante ácidos, como el fosfórico o el cítrico.

A continuación, se eliminan los ácidos grasos libres, es decir, la acidez, en la etapa de neutralización. Para ello se suele emplear una base fuerte, como la sosa (hidróxido sódico,

NaOH). Como resultado, se obtiene un aceite sin nada de acidez. Así, un aceite de oliva virgen extra, que no está neutralizado, siempre tendrá más acidez que uno refinado. Como sabemos ya, este último no puede ser comercializado como tal, sino que se encabeza con virgen para elaborar aceite de oliva.

La tercera etapa del proceso es la decoloración. Los aceites pueden arrastrar compuestos coloreados no deseados que se generan a partir de la clorofila y los carotenoides debido a la acidez. El proceso de blanqueo de aceites emplea tierras decolorantes y adsorbentes, como carbón activado y sílica sintética, para eliminar estos pigmentos, pero también contaminantes tóxicos y otros compuestos indeseables. El proceso se realiza bajo vacío para reducir la oxidación y preservar las propiedades del aceite. Al final, el aceite se filtra para separar los adsorbentes utilizados.

En la siguiente etapa, el aceite se somete a una cristalización, que se realiza enfriando el aceite, denominada winterización. Su objetivo es eliminar cualquier compuesto que pueda provocar que el producto final parezca turbio por la presencia de ceras y triglicéridos saturados. La winterización se realiza de 5 a 8 °C, lo que permite solidificar la fracción que contiene estos compuestos, que cristaliza en un periodo de 24 a 48 horas. Luego el proceso continúa con la separación en dos fases: una sólida (ceras y triglicéridos saturados) y otra líquida (el aceite) mediante filtración o centrifugación.

Finalmente, la desodorización permite eliminar olores indeseables como los rancios o avinagrados, así como ácidos grasos que no llegaron a neutralizarse previamente, mediante destilación al vacío con gas de arrastre. Consiste en preparar el aceite eliminando oxígeno, calentarlo, inyectar vapor o gas de arrastre en el destilador y enfriarlo bajo vacío para evitar deterioro. Las temperaturas de desodorización varían entre 180 °C y 270 °C.

Como resultado de todo este proceso, se consigue un aceite apto para el consumo, de color muy claro y prácticamente sin carácter por la pérdida de aromas. Por eso, los aceites de semillas, que siempre están refinados, son tan parecidos entre sí, todo lo contrario que los aceites de oliva virgen. Los aceites de oliva refinados también son muy claritos y anodinos, pero la adición de virgen en el encabezado les proporciona algo de color, aroma y sabor.

Variedades por todo el mundo

Se dice que el poeta francés Georges Duhamel, que vivió a caballo entre los siglos XIX y XX, dijo una vez que "donde el olivo termina, se acaba el Mediterráneo", haciendo referencia a que este cultivo era exclusivo de los países mediterráneos. Si bien eso pudo ser cierto en una época, hoy en día no hay nada más lejos de esa realidad. Ya es posible encontrar olivos incluso más allá de las franjas limitadas por los paralelos 35° y 45° de latitud norte y paralelos 35° y 41° de latitud sur. El olivo se cultiva en al menos 67 países de los cinco continentes, incluyendo lugares tan aparentemente extraños como Reino Unido, Alemania, Canadá e incluso ¡Hawái!

Con un clima subtropical, es difícil encontrar un terreno apto para el olivar en una isla como Maui, la segunda más grande del archipiélago hawaiano. Sin embargo, en la zona que va desde Upper Olinda hasta Kamaole en Keokea, se dan las condiciones ideales para el cultivo. Desde 2008, más de 10 000 olivos crecen en esa zona y en 2015 se produjeron los primeros aceites de oliva virgen extra, caracterizados por ser verdes, picantes, frutados y con un sabor robusto y complejo (Mercacei, s.f.).

La expansión del olivo por todo el mundo ha dado lugar a una enorme cantidad de variedades y se estima que existen más de 1200 documentadas. Sin embargo, debido a la selección de las más productivas, solo unas decenas representan la mayoría de la producción mundial de aceite de oliva. En cualquier caso, las variedades existentes presentan diferencias importantes en términos de rendimiento y composición, lo que las hace únicas.

Por ejemplo, algunas variedades son capaces de empezar a producir aceituna a partir del segundo año desde su cultivo, como la arbequina, blanqueta o koroneiki, mientras que otras tardan hasta 5 o 6 años (Vossen, 2013). Del mismo modo, algunas variedades tienen un mayor contenido en aceite que otras. De las cultivadas en Andalucía, la arbequina y la koroneiki superan el 50% descontando el agua, mientras que la hojiblanca y la frantoio rondan el 40%. De todos modos, no siempre hay correlación entre el contenido de aceite en la aceituna y el rendimiento en su extracción. Algunas variedades, como la leccino, tienen menor contenido de aceite (38%) pero alta eficiencia de extracción (de 14 a 18%). Otras, como la gordal sevillano, con un 48% de contenido de aceite, suelen ofrecer rendimientos bajos (de 5 a 8%) debido a pastas difíciles y emulsiones que complican el proceso.

Por supuesto, la variedad afecta también a la composición química de los aceites y eso puede tener consecuencias sobre sus efectos en la salud. En 2015 llevamos a cabo un estudio, en colaboración con el Instituto Andaluz de Investigación y Formación Agraria, Pesquera, Alimentaria y de la Producción Ecológica (IFAPA) de Mengíbar (Jaén), en el que valoramos cinco variedades de aceites de oliva con distinta composición en solo dos ácidos grasos: oleico y linoleico (Del Bo *et al.*, 2015). Las variedades eran chetoui, buidiego, galega, blanqueta y picual. Las variedades con un mayor contenido en ácido oleico fueron picual, buidiego y galega, con un 79,9, 75,4 y 74,6%, respectivamente, mientras que las que contenían más linoleico fueron la chetoui con un 18,9% y la blanqueta con un 14,3%. Los aceites se procesaron para extraer los triglicéridos, los que contienen esos ácidos grasos, que luego se incorporaron en partículas similares a quilomicrones, las cuales se incubaron con macrófagos durante 24 horas para medir los lípidos acumulados en esas células. Los resultados mostraron que las partículas procedentes de aceites ricos en ácido linoleico, como las chetoui, indujeron mayor acumulación de lípidos en las células, mientras que las ricas en ácido oleico, como las de picual, generaron menos acumulación. Puesto que la acumulación de grasa en estas células está altamente relacionada con la formación de placas de ateroma, nuestros resultados sugerían que no todos los aceites de oliva tienen la misma capacidad para proteger frente a la enfermedad cardiovascular y que su efecto es dependiente de la variedad.

Como veremos en el siguiente capítulo, el aceite de oliva, además de triglicéridos, contiene compuestos menores únicos. Entre ellos, los fenoles destacan por su capacidad antioxidante, estabilidad y porque contribuyen a atributos sensoriales como el amargor, la astringencia y el picor. También la concentración de estos compuestos depende de factores como la variedad de aceituna, entre otros, proporcionando perfiles únicos para cada una de ellas. Por ejemplo, el contenido total de fenoles en aceites vírgenes extra varía de 182 mg/kg de la arbequina a los 1240 mg/kg de la chetoui, lo que es prácticamente el doble que la picual, una de las que más fenoles contiene.

Por tanto, parece evidente que el perfil de aromas del aceite de oliva virgen está también influido por la variedad de aceituna. Los compuestos volátiles responsables del aroma y sabor del aceite se generan a través de rutas enzimáticas que se mantienen activas durante el procesado, con el factor genético (la variedad) como determinante principal. Los compuestos así formados permiten identificar variedades individuales y diferenciarlas según su perfil químico y sensorial. Un estudio en Italia analizó diez cultivares a partir de 489 muestras durante cuatro años, demostrando que la variabilidad sensorial depende más de la variedad que del año de cosecha (Zohary y Spiegel-Roy, 2004). Así, por ejemplo, el aceite de la variedad bosana destacó por su alta intensidad en frutado, amargor y picante, mientras que la leccino presentó un perfil más equilibrado y la ravece combinó intensidades altas de frutado y picante con notas más moderadas de almendra y alcachofa.

CAPÍTULO 4

Valor sensorial y nutricional del aceite de oliva

¿Qué hace que el aceite de oliva sea tan especial desde el punto de vista de la salud? Sin duda alguna, su composición química. Si bien es cierto que no es necesario conocer las notas musicales para disfrutar de una canción o de todo un concierto, se valora mucho más la música cuando uno tiene formación en solfeo y armonía. Del mismo modo, no es necesario conocer la composición química del aceite de oliva para apreciar su aroma y sabor o para beneficiarse de sus propiedades nutricionales, pero ser conscientes de ella nos permite valorar mejor sus cualidades y tener más capacidad de elección de cada uno de los diferentes tipos que podemos emplear en nuestra cocina.

Un aceite de oliva virgen extra contiene una variedad casi infinita de sencillos compuestos aromáticos que, en conjunto, generan una armonía, casi una melodía de fragancias que nos trasladan a diferentes épocas y espacios. Hace unos años tuve la oportunidad de recibir la formación de entrenamiento del panel de cata de aceite de oliva del Instituto de la Grasa. Este panel está compuesto por una serie de miembros permanentes, pero cada cierto tiempo debe renovarse. Para ello, los potenciales nuevos miembros se someten a un proceso de selección y de entrenamiento; no todo el mundo tiene las cualidades necesarias para formar parte de un panel de cata acreditado, y aquellos que las tienen deben además formarse.

Una de las cosas que aprendí en aquel proceso de formación es la capacidad evocadora que tienen los aceites de oliva. Todos hemos tenido esa sensación de trasladarnos en el tiempo y en el espacio al percibir un determinado olor. El aroma a café, que recuerda al desayuno en familia, el olor de la comida preferida y tantos otros aromas que evocan otros tiempos y generan nostalgia, aunque no siempre son aromas agradables. Por ejemplo, recuerdo que en una de las formaciones y hablando de uno de los defectos más habituales en los aceites de oliva, el jefe del panel, mi compañero Fernando Martínez Román, nos contaba la siguiente anécdota: en un curso de cata de aceite Fernando hablaba a los asistentes sobre el atributo rancidez, que es uno de los defectos que puede tener un aceite. Aunque hay características olfativas comunes, cada persona detecta en la nariz diferentes matices de rancio. En ese curso una persona comentó que el aceite que estaba probando "le olía a puerta verde". ¿Cómo narices huele una puerta verde? Según Fernando, esa expresión no era tan extraña, puesto que a algunas personas el tono rancio de un aceite, cuando no es muy acusado, les recuerda a pintura o barniz. A aquel asistente le debía de evocar al olor de alguna puerta que había sido pintada de verde. Ese es el poder evocador de los olores.

También aprendí que para ser un buen catador es necesario tener una gran memoria olfativa. Algunos de los aromas habituales de un aceite recuerdan a frutas y hortalizas, pero si no hemos olido esos vegetales o no recordamos a qué huelen, será difícil que los podamos encontrar en un aceite. No todo el mundo sabe cómo huele una higuera o ha probado las almendras amargas. Además, la memoria olfativa se debilita con el paso del tiempo y puede llegar a perderse. Por eso, algunos de mis compañeros del panel de cata del Instituto de la

Grasa me han contado alguna vez que suelen llevarse frutas y hortalizas a la nariz de forma insistente cuando van a las fruterías y los supermercados.

Cuando no tienes formación en cata de aceite de oliva, todos los aceites te huelen a lo mismo: a aceite. Pero una vez recibes entrenamiento, empiezas a encontrar matices como los mencionados. Un buen aceite de oliva virgen extra puede oler a todo esto: hoja verde, hierba recién cortada, tomate, higuera, almendra, manzana, plátano, compota de frutas, alcachofa, etc. Los responsables de estos aromas son pequeñas moléculas que se desprenden del aceite y que llegan hasta nuestra nariz. Entre ellos podemos encontrar: el hexanal, que tiene seis átomos de carbono y cuyo aroma recuerda a la hoja verde; el cis-3-hexenal, que trae a la memoria la hoja de tomate; el cis-3-hexen-1-ol, que trae reminiscencias de hierba recién cortada, o el acetato de cis-3-hexenilo, que recuerda al plátano (Genovese, Caporaso y Sacchi, 2021; Campestre *et al.*, 2017).

Por otra parte, están los aromas asociados a defectos, que se pueden encontrar en los aceites de oliva debido a múltiples causas, como deficiencias en el almacenamiento, en la producción y en la conservación. El ácido butanoico, por ejemplo, recuerda a rancio, aunque también a queso y sudor, ya que suele estar producido por microorganismos que han crecido donde no deberían; el ácido acético aporta, como es natural, un toque ácido con notas de vinagre, o la 1-octen-3-ona, que es la responsable de que un aceite pueda oler a champiñones (Morales, Luna y Aparicio, 2005).

Todos estos compuestos y decenas más se mezclan en nuestra nariz cuando olemos un aceite de oliva virgen, aportando cada uno matices distintos. Por eso, ningún aceite huele a vinagre, hierba o champiñones, sino a una conjunción de muchas de las moléculas volátiles que nos recuerdan a esas sustancias, lo que en definitiva termina siendo el aroma del aceite de oliva. Por tanto, conocer los compuestos que dan lugar a los aromas nos permite tener una imagen más fiel de las características sensoriales del aceite y comprender cómo y por qué se forman esos aromas. Del mismo modo, conocer los componentes del aceite de oliva con valor nutricional nos permite elegir aquel aceite que los proporcione en mayor concentración. Así, en función de nuestros gustos, necesidades, usos culinarios, etc., elegiremos uno u otro de los diferentes aceites de oliva disponibles.

Un aceite de oliva para cada ocasión

El dietista y nutricionista Juan Revenga utiliza una metáfora muy adecuada para ilustrar que se pueden utilizar distintos aceites de oliva para las distintas aplicaciones culinarias. Dice que aunque parezca que un Ferrari es mejor vehículo que un tractor, todo depende del uso que se le vaya a dar. A nadie se le ocurriría meter un Ferrari en un campo de labranza y un tractor es bastante ineficiente en un circuito de velocidad. Trasladado al mundo de los aceites de oliva, el Ferrari sería el aceite de oliva virgen extra y el tractor el de orujo de oliva. Entre uno y otro, tenemos el aceite de oliva virgen y el aceite de oliva común (refinado encabezado con virgen).

El aceite de oliva virgen extra es el que tiene una mayor calidad sensorial. Es un aceite carente de defectos, según lo establece un panel de cata acreditado basándose en la legislación. Además, un virgen extra debe tener frutado, esto es, aromas que recuerden a la fruta o a vegetales, ya sea verde (manzana, tomate, hierba…) o maduro (plátano, frutas tropicales, puré de frutas…). En el caso de que un panel de cata encuentre defectos en un aceite de oliva virgen, no podrá calificarse como extra y quedará como virgen o lampante, según el grado de deterioro.

Además, los aceites de oliva también se distinguen por otros parámetros relacionados con su composición química (tabla 2). Según la Norma comercial de los aceites de oliva y los aceites de orujo de oliva del Consejo Oleícola Internacional, un aceite de oliva virgen extra debe tener menos de 0,8 g de acidez libre por cada 100 g de producto. La acidez es un indicador del deterioro, así que los mejores aceites tienen una acidez baja. Un aceite de oliva virgen debe tener una acidez inferior o igual a 2 g/100 g y, si sobrepasa los 3,3 g/100 g, se considera lampante. También es importante que todos tengan un índice de peróxidos, que marca su grado de oxidación, inferior o igual a 20 miliequivalentes (mEq) de oxígeno por kg de aceite. Hay otros parámetros de calidad, pero estos son los más importantes. En el aceite de oliva, que es mezcla de refinado y virgen, la acidez debe ser inferior o igual a 1 g/100 g y el índice de peróxidos menor de 15 mEq/kg. Aquí se da una circunstancia muy curiosa: uno de los objetivos del proceso de refinación del aceite de oliva lampante es eliminar su elevada acidez. Como resultado, el aceite de oliva refinado prácticamente no tiene ácidos grasos libres (≤0,3 g/100 g); sin embargo, el aceite de oliva común tiene mayor acidez porque se encabeza con aceite de oliva virgen, que puede tener hasta 2 g/100 g. Por tanto, cuanto mayor sea la adición de aceite de oliva virgen, mayor será la acidez. Dicho de otro modo, aunque en términos generales más acidez implica menor calidad, en el aceite de oliva común ocurre al contrario: mayor acidez implica mayor adición de aceite de oliva virgen al aceite de oliva refinado. De modo que un aceite de oliva (no virgen) de 1 g/100 g de acidez (suele etiquetarse como intenso) tendrá un aporte de virgen superior a un aceite de 0,4 g/100 g (etiquetado como suave). El aceite que lleve más virgen añadido no solo tendrá más acidez, sino más aroma y más compuestos de interés nutricional, como los fenólicos. En cuanto al aceite de orujo de oliva, los valores son como los del de oliva común: acidez menor o igual a 1 g/100 g e índice de peróxidos menor o igual a 15 mEq/kg.

Tabla 2
Parámetros de calidad de los aceites de oliva y los aceites de orujo de oliva.

	Virgen extra	Virgen	Lampante	Refinado	Oliva (refinado + virgen)	Orujo de oliva refinado	Orujo de oliva (refinado + virgen)
Olor y sabor				Aceptable	Bueno	Aceptable	Bueno
Defecto	0,0	0,0-3,5	>6,0				
Frutado	>0,0	>0,0					
Acidez (g/100g)	≤0,8	≤2,0	>3,3	≤0,3	≤1,0	≤0,3	≤1,0
Índice de peróxidos (mEqO2/kg)	≤20,0	≤20,0		≤5,0	≤15,0	≤5,0	≤15,0

Así pues, podemos ver que el aceite con mayor calidad es el virgen extra, que se diferencia del virgen solo por una menor acidez y, sobre todo, por la ausencia de defectos en el aroma y sabor, así como la presencia de frutado. Por eso, se trata de un aceite que se debería aprovechar para aquellas preparaciones culinarias en las que se pueda apreciar toda la gama de fragancias que proporciona, en particular cuando se consume en crudo. Por este motivo, y porque es más caro, yo reservaría el virgen extra para ensaladas, aliños, tostadas y ese chorreón de aceite que echamos por encima a tantos platos para resaltarlos. En cambio, si solo nos interesa el plano nutricional y no tanto el sensorial, no sería necesario invertir en un virgen extra y podríamos quedarnos con un virgen, ya que entre ellos no hay diferencias apreciables en el contenido de los compuestos de mayor valor para la salud. El aceite de oliva común (mezcla de refinado y virgen) podría quedar para preparaciones en las que no podemos valorar tanto los aromas, como pueden ser los sofritos, las frituras y las preparaciones con alimentos que ya de por sí tengan aromas y sabores intensos que enmascaran los del virgen extra.

El caso del aceite de orujo es especial. En principio, el uso debería ser como el del de oliva, ya que se trata de un aceite refinado encabezado con aceite de oliva virgen. Sin embargo, el sistema de extracción con disolventes permite el enriquecimiento con una enorme cantidad de componentes menores, muchos de los cuales quedan en el aceite de orujo refinado y tienen interés para la salud, como veremos más adelante. Además, algunos de esos componentes tienen la capacidad de proteger el aceite de los tratamientos térmicos más agresivos, por lo que se considera un aceite idóneo para la fritura (Ruiz-Méndez *et al.*, 2021). Algunas personas, aún hoy, son reticentes al uso de aceites de oliva para fritura porque su punto de humo es más bajo que el de otros aceites de semilla. El punto de humo se refiere al momento en el que el aceite empieza a emitir humo y se suele emplear como indicador de que se ha sobrepasado la temperatura máxima de utilización. En los aceites de oliva este punto es un poco más bajo por su gran contenido en compuestos bioactivos saludables y aromáticos que se degradan antes, pero son precisamente estos componentes los que protegen al aceite de su degradación térmica. Por tanto, el menor punto de humo del aceite de oliva no debería ser un inconveniente para su uso en fritura.

El ácido oleico, principal componente del aceite de oliva

La palabra *oleico* deriva de la misma raíz latina que óleo, es decir, aceite. Así, el ácido oleico es el característico del aceite de oliva, del mismo modo que el palmítico es el característico del aceite de palma. No son los únicos ácidos grasos cuyos nombres provienen de las fuentes donde se encontraron. Por ejemplo, el ácido mirístico se denomina así por la nuez moscada (*Myristica fragans*), el esteárico deriva del griego *stear*, que significa 'sebo', y el caproico recibe ese nombre porque está presente en la leche de cabra. No obstante, el hecho de que un ácido graso se encuentre en una determinada grasa o aceite no implica que no pueda encontrarse en otra. Así, el ácido caproico es el responsable del mal olor de los calcetines sucios. Del mismo modo, el oleico, aunque es el principal ácido graso del aceite de oliva, es también uno de los más abundantes en otras grasas y aceites, como el de girasol alto oleico, el de colza, el de cacahuete, el de avellana o el de aguacate.

Según la Norma comercial del Consejo Oleícola Internacional, los aceites de oliva que pueden ser comercializados para consumo humano tienen que tener entre un mínimo de un 55% y un máximo de un 85% de ácido oleico sobre el total de ácidos grasos. Esto es así para todos los aceites de oliva del mundo, con independencia de que se hayan producido en un país o en otro. Como puede verse, un aceite de oliva puede contener *solo* un 55% de ácido oleico, pero aun así sigue siendo su ácido graso mayoritario. Otros aceites ricos en ácido oleico son el de aguacate, el de colza y el de cacahuete, en los que ronda el 55%. Pero si hay un aceite en el que el ácido oleico es más preponderante es el de girasol alto oleico. Esta planta fue modificada genéticamente en la década de 1970 (la misma época que los estudios de Ancel Keys) para producir un aceite más rico en ácido oleico, de forma que su composición se asemejara a la del aceite de oliva. Para ello, se bloqueó en el girasol la transformación de ácido oleico en ácido linoleico, que es el más abundante en la semilla de esta planta, lo que da lugar a la acumulación del primero. Por ese motivo, el aceite resultante puede alcanzar hasta un 85% de este ácido graso, convirtiéndose en el aceite con un mayor contenido.

Un ácido graso es una molécula compuesta de una serie de átomos de carbono enlazados entre sí en forma de cadena y encabezados por un grupo carboxílico que les da el carácter ácido. Este grupo es igual en todos los ácidos grasos, así que no es demasiado relevante a la hora de hablar de unos u otros. En cambio, pequeñas diferencias en dicha cadena de carbonos tienen consecuencias muy importantes en las características químicas y físicas de los ácidos grasos. Por ejemplo, el ácido linoleico, del que hablaba antes, es muy parecido al oleico: ambos presentan 18 átomos de carbono enlazados entre sí. La única diferencia entre ellos es que, en el caso del ácido linoleico, el enlace del carbono número 12 es doble en vez de sencillo, pero esa pequeña diferencia es tan importante que se llegan a modificar genéticamente plantas para evitar ese doble enlace, como en el caso mencionado del girasol alto oleico. La consecuencia de un doble enlace más es que el ácido linoleico tiene un punto de fusión más bajo (se congela a menos temperatura) que el ácido oleico, pero, además, tiene consecuencias en la salud. Aunque tanto los aceites ricos en ácido linoleico, como los de girasol, soja y maíz, como los ricos en ácido oleico reducen el colesterol total y el colesterol LDL (colesterol malo), estos últimos aumentan el colesterol HDL (colesterol bueno) (Ghobadi *et al.*, 2019). Más aún, el ácido linoleico se oxida más fácilmente que el oleico. La oxidación de los ácidos grasos interviene en la formación de placas de ateroma en la pared de las arterias, pero también en la conservación y en la durabilidad de los aceites.

Por tanto, la longitud de la cadena de carbonos y el número de dobles enlaces de los ácidos grasos, también llamados insaturaciones, condicionan de forma trascendental los efectos en la salud de los aceites que los contienen, de ahí la importancia que se concede a las diferencias que se observan entre grasas saturadas e insaturadas, los efectos saludables de los omega-3, el ratio omega-6/omega-3, etc. Pero aun siendo los mayoritarios, los ácidos grasos no son los únicos componentes de los aceites, y mucho menos del aceite de oliva, especialmente del virgen.

Componentes menores del aceite de oliva

Mi abuela, como tantas otras que lo fueron en el siglo pasado, hacía jabón en casa como forma de ahorrar algo de dinero. Hoy todavía muchas personas lo hacen, como entretenimiento, para obtener jabones con distintas fragancias con las que aromatizar sus hogares o para aprovechar los aceites usados. Hacer jabón es relativamente sencillo: el aceite caliente se hace reaccionar con una disolución de sosa cáustica (hidróxido de sodio) al tiempo que se agita. La mezcla va cambiando de consistencia mientras se va formando el jabón. Después, solo hay que colocarla en moldes y dejarla enfriar o bien cortarla en lingotes, que es lo que hacía mi abuela.

Desde el punto de vista químico, lo que ha ocurrido en ese proceso es que la sosa, que es una base fuerte, ha roto los enlaces de los ácidos grasos con otra molécula, el glicerol. Puesto que son ácidos, tienen capacidad de formar una sal cuando se unen a un átomo de sodio de la sosa. Esa sal es el jabón. El proceso se denomina saponificación y puede producirse porque los ácidos grasos no se encuentran libres en los aceites y las grasas, sino que van unidos entre sí y al glicerol. Cuando se une un solo ácido graso al glicerol, la molécula resultante se llama monoglicérido, si se unen dos, diglicérido, y si se unen tres, el máximo de uniones posible, lo que se obtiene es un triglicérido. Estos últimos representan del 97 al 99% del contenido total de un aceite. El resto son los componentes menores y hay una variedad extraordinaria de ellos, con un papel crucial en la calidad, autenticidad y beneficios para la salud del aceite de oliva. Entre ellos, los más relevantes son los compuestos fenólicos, los tocoferoles, los pigmentos, los hidrocarburos, los esteroles y los compuestos volátiles, algunos de los cuales mencioné al hablar de los aromas.

Tocoferoles, la vitamina E

La vitamina E no es una sola sustancia, sino que hay varios compuestos que tienen esta actividad: cuatro tocoferoles y cuatro trienoles. Todos ellos son solubles en grasa, así que se pueden encontrar en los aceites y las grasas comestibles, también en el aceite de oliva. El contenido de tocoferoles en el aceite de oliva virgen fluctúa, ya que su concentración puede variar dependiendo de la variedad de aceituna, las condiciones de cultivo e incluso el año de la cosecha (Beltrán *et al.*, 2010). El alfa-tocoferol domina el escenario al constituir más del 95% del total de tocoferoles, pero en el aceite encontramos otros, como el gamma-tocoferol y el beta-tocoferol, aunque en proporciones mucho menores. En cualquier caso, el aceite de oliva no es ni mucho menos el que tiene un mayor contenido en tocoferoles. Por encima de él están el aceite de germen de trigo, que puede alcanzar más de 7000 mg/kg, el de girasol, que puede llegar a casi 2000 mg/kg, o el de maíz, con casi 1600 mg/kg (Schwartz *et al.*, 2008). El aceite de oliva virgen se queda normalmente por debajo de los 800 mg/kg. Además, igual que ocurre para otros componentes menores, el refinado de los aceites provoca pérdidas de aproximadamente la mitad de los tocoferoles (Ergönül y Köseoğlu, 2013). Sin embargo, la Norma comercial de los aceites de oliva y orujo de oliva permite añadir tocoferoles a los aceites refinados para reemplazar los perdidos durante ese proceso. El alfa-tocoferol tiene demostrada actividad antioxidante, por lo que es capaz de proteger las membranas celulares y las lipoproteínas de baja densidad (LDL) de la oxidación (Trpkovic *et al.*, 2015).

Esteroles vegetales, competencia del colesterol

Una buena parte de los componentes menores del aceite de oliva la componen los esteroles que, según la Norma comercial del COI, deben encontrarse por encima de 1000 mg/kg en los aceites de oliva y de 1600 mg/kg en el aceite de orujo de oliva, pero normalmente por debajo de 2600 mg/kg (Su *et al.*, 2002). De todos modos, están muy por encima de las concentraciones habituales de tocoferoles. El más abundante de todos los esteroles en el aceite de oliva es el beta-sitosterol, que suele rondar el 95% de todos ellos. Estos compuestos son también llamados fitosteroles o esteroles vegetales para distinguirlos de los de origen animal, como el colesterol, cuyo contenido debe ser inferior al 0,5% de los esteroles. Es decir, según la Norma del COI, el aceite de oliva normalmente tiene menos de 5 mg/kg de colesterol y el de orujo de oliva menos de 8 mg/kg.

Seguro que en alguna ocasión has llegado a consumir un yogur u otro lácteo de los que "reducen el colesterol" o has podido ver la publicidad y sabes a qué marcas me refiero. Esos productos lácteos están enriquecidos precisamente con esteroles y estanoles vegetales, los mismos que se pueden encontrar en el aceite de oliva. La Autoridad Europea de Seguridad Alimentaria (EFSA) permite que algunos productos incluyan la declaración de que contribuyen a mantener niveles normales de colesterol sanguíneo a partir de ingesta diaria mínima de 0,8 g de fitosteroles o fitostanoles[7]. Estos productos lácteos suelen contener al menos la cantidad mínima, usualmente más de 1,5 g por yogur. El aceite de oliva no alcanza esa concentración (se queda en unas diez veces menos), pero junto con el consumo de otros vegetales contribuye a que se alcance la dosis recomendada por la EFSA para reducir el colesterol hasta un 11% en 2 o 3 semanas (EFSA Panel, 2012).

El mecanismo por el cual los esteroles son capaces de reducir el colesterol sanguíneo es por competencia. Al ser moléculas con una estructura muy parecida, los esteroles compiten con el colesterol por la absorción en el intestino. Si solo llega colesterol, se absorbe solo colesterol, pero si llegan esteroles, estos impiden que una parte del colesterol se absorba y se elimina en las heces. Claro que esto tiene unos límites. Si el contenido en esteroles en la dieta es demasiado alto (más de 3 g al día), estos pueden competir con otras moléculas que

---

7. Comisión Europea (2012), Reglamento (UE) n° 432/2012 de la Comisión, de 16 de mayo de 2012, por el que se establece una lista de declaraciones autorizadas de propiedades saludables de los alimentos distintas de las relativas a la reducción del riesgo de enfermedad y al desarrollo y la salud de los niños, *Diario Oficial de la Unión Europea*, L136/1.

tienen estructura parecida, como los carotenoides. Uno de ellos, el beta-caroteno, es precursor de la vitamina A, por lo que un contenido muy elevado de esteroles podría llegar a ser perjudicial (Noakes *et al.*, 2002).

Los carotenoides, el color dorado del aceite

"Aceite, oro líquido". Esta expresión ha sido atribuida a Homero, pero realmente no hay constancia de que la empleara como tal en alguna de sus obras, aunque menciona profusamente el aceite de oliva. Aún hoy se trata de una expresión muy común que se debe a su valor nutricional y económico, pero también a su color dorado. Los responsables de ese color son los carotenoides. Estos compuestos son pigmentos cuyo color varía desde amarillo pálido hasta el rojo oscuro. El beta-caroteno, por ejemplo, es el responsable del naranja de las zanahorias, mientras que el licopeno aporta el color rojo al tomate. En función de la presencia de estos pigmentos y de la clorofila, se obtienen aceites más dorados o más verdes. Sin embargo, el color no es un atributo que se valore en la calidad del aceite de oliva: un aceite con tonos más verdes no tiene por qué ser de mejor calidad. Del mismo modo, los tonos más dorados o más pardos tampoco son indicativos de peor calidad. Sin embargo, la mayoría de las personas, incluso los catadores entrenados, tienen preferencia por los aceites más verdosos porque se asocian con aromas más frutales y herbáceos. De hecho, a estos aromas se los suele agrupar como verdes. Por ese motivo, las copas de cata son de color azul topacio (aunque desde hace unos años se están empleando también copas rojas), que no dejan ver el color real de lo que se está probando.

Algunos carotenoides, y en particular el beta-caroteno, tienen la capacidad de generar vitamina A. Sin embargo, no se consideran nutrientes esenciales porque no se han implicado en vías metabólicas vitales; por esta razón, no se ha establecido ninguna recomendación dietética formal por parte de la EFSA para los carotenoides. Aun así, muchos estudios epidemiológicos sugieren que la concentración plasmática de beta-caroteno, necesaria para obtener efectos saludables, se puede lograr con ingestas de 2 a 4 mg por día. En el aceite de oliva, el contenido en beta-caroteno es muy variable, pero puede alcanzar los 13 mg/kg (Gandul-Rojas y Mínguez-Mosquera, 1996), así que se necesitaría consumir entre 150 y 300 g de aceite para alcanzar la recomendación. De nuevo, no es necesario llegar a esos consumos; es más, se sobrepasarían las recomendaciones de ingesta de grasa. En cualquier caso, es evidente que el aceite de oliva virgen contribuye a la ingesta de esta provitamina.

Los compuestos fenólicos, los antioxidantes más potentes

A los compuestos fenólicos del aceite de oliva se los denomina en muchas ocasiones polifenoles; sin embargo, esa notación no es correcta. En química orgánica, *poli* hace referencia a muchas unidades repetitivas, que en el caso de los fenoles indicaría que varias moléculas se encontrarían unidas entre sí, lo que no ocurre. Por tanto, es mejor denominarlos compuestos fenólicos o simplemente fenoles.

Pese a estar presentes en el aceite, los compuestos fenólicos no son realmente componentes lipídicos porque no se disuelven bien en la grasa; por eso, tampoco forman parte de la clasificación entre materia saponificable-materia insaponificable. Podríamos decir que son los componentes más independientes del aceite de oliva, van un poco por libre; aun así, son las sustancias a las que se han atribuido la mayor parte de los beneficios para la salud de los aceites de oliva. Además, puesto que se disuelven bien en el agua, las infusiones de hoja de olivo son muy ricas en compuestos fenólicos. Nuestros antepasados mediterráneos ya consumían este tipo de infusiones por sus efectos sobre la salud, en particular la hipertensión, aunque no eran conscientes de qué elementos eran los responsables.

Se han identificado más de 30 compuestos fenólicos que pueden desempeñar un papel importante en las propiedades saludables del aceite de oliva virgen, entre los cuales existe una considerable variación en cuanto a su concentración (0,02 a 600 mg/kg) (Servili *et al.*, 2009). Esta variabilidad depende del tipo de compuesto fenólico, pero también de muchos otros factores como la variedad del olivo, el origen geográfico, las técnicas de cultivo, la madurez en el momento de la cosecha, el procesamiento y el almacenamiento. Entre los fenoles del aceite de oliva virgen, los secoiridoides son los que están presentes en mayor cantidad, pero los más interesantes desde el punto de vista de la salud son probablemente la oleuropeína y su metabolito hidroxitirosol. En este caso, es muy importante destacar la virginidad del aceite porque la refinación elimina una gran parte de estos compuestos. Por tanto, si tenemos en cuenta que a los fenoles se les atribuyen una gran cantidad de efectos protectores sobre la salud y que la refinación los elimina en gran medida, son manifiestamente obvias las diferencias en materia de salud entre el aceite de oliva refinado y el virgen.

En 2015 se publicó un análisis que recopilaba ocho ensayos clínicos en humanos donde se comparaba el aceite de oliva virgen, rico en fenoles, con el aceite de oliva refinado, bajo en fenoles (Hohmann *et al.*, 2015). Los resultados mostraron efectos significativos sobre todo en la oxidación del colesterol LDL (colesterol malo) y en la presión arterial. A partir de estos ensayos, la EFSA aprobó la declaración de que los fenoles del aceite de oliva protegen los lípidos plasmáticos del estrés oxidativo, siempre que se consuman al menos 20 g de aceite con 5 mg de hidroxitirosol y sus derivados.

Escualeno, el lípido con nombre de tiburón

En 1916, el doctor Mitsumaru Tsujimoto descubrió en el Instituto de Investigación Química Industrial de Tokio que el hígado de *kuroko-zame*, una especie de tiburón de aguas profundas de Japón, contenía una gran cantidad de un hidrocarburo. Tsujimoto asignó al compuesto el nombre de escualeno, de escualo (tiburón). Los tiburones acumulan una gran cantidad de escualeno para facilitar su flotabilidad, ya que no poseen vejiga natatoria. Puesto que el escualeno es un lípido, tiene una densidad inferior a la del agua, así que un gran hígado con una concentración muy alta de escualeno contribuye a mantener a estos animales cerca de la superficie del mar siempre que lo necesiten. Como resultado de investigaciones posteriores, se reveló que el tejido adiposo humano contenía una pequeña cantidad de escualeno, pero lo más relevante es que en 1952 se descubrió que era precursor del colesterol (Langdon y Block, 1952), aunque desde 1926 ya se sabía que, al administrar escualeno a ratas, aumentaba la concentración de colesterol en el hígado (Channon, 1926).

En la actualidad se sabe que el escualeno es precursor no solo del colesterol, sino de otras moléculas importantes que se generan a partir de él, como las hormonas esteroideas cortisol, testosterona y progesterona, así como de los ácidos biliares. También proceden del escualeno los esteroles que se pueden encontrar en las plantas. En el aceite de oliva, el contenido de escualeno ronda entre los 300 y los 700 mg/kg (Barjol, 2013) y a él se han atribuido algunos de los beneficios para la salud, aunque las evidencias no son tan sólidas como para otros componentes menores. Una preocupación sobre la ingesta de escualeno es que pudiera incrementar las concentraciones plasmáticas de colesterol, pero es algo que no se ha demostrado.

Nuevos compuestos bioactivos

El científico estadounidense Gary Beauchamp, director del Centro Monell de Sentidos Químicos de Filadelfia, asistió en 1999 a una conferencia sobre nutrición molecular en la isla de Sicilia. Durante la reunión, recibió la invitación de los organizadores del evento, los físicos Massimo Ugo Palma y Marie Beatrice Voltarelli, para comer en su casa. Durante la comida, la pareja obsequió a Beauchamp con aceite de oliva virgen extra de su cosecha propia. Beauchamp era experto en organolepsia, la ciencia de los sentidos, pero nunca había probado un aceite virgen extra. Después de varios sorbos, notó un sabor especial y una picazón en la garganta que no había encontrado en los aceites de oliva comunes a los que estaba acostumbrado. La sensación le recordó al sabor de un medicamento que estaban desarrollando en su laboratorio de Filadelfia. Al regresar a Estados Unidos, confirmaron que el sabor provenía de una molécula de carácter fenólico con estructura algo similar a la del ibuprofeno, que luego llamaron oleocantal (de *oleo*, aceite; *cant* de *acanthos*, 'picazón' y *al* de aldehído).

Además, el equipo de Beauchamp llevó a cabo un experimento muy sencillo con el nuevo compuesto identificado. El estudio, publicado en 2005 (Beauchamp *et al.*, 2005), mostró que el oleocantal era capaz de inhibir las enzimas ciclooxigenasa 1 y 2, que están implicadas en algunos fenómenos de tipo inflamatorio. Aunque anteriormente ya se habían hecho estudios con fenoles y en mayor profundidad y complejidad, obteniendo resultados similares (De la Puerta Vázquez *et al.*, 2024), el equipo de Beauchamp consiguió publicar sus datos nada menos que en la revista *Nature*. Pero lo que más impactó fue· el título del artículo: "Fitoquímica: actividad similar al ibuprofeno en el aceite de oliva virgen extra".

El impacto que este artículo causó en la comunidad científica y en la opinión pública fue tremendo. Tanto es así, que llegó a oídos de un diputado español, Josep Maldonado i Gili (Convergència i Unió), que en sede parlamentaria preguntó por qué esos estudios no se realizaban en España, que era el mayor productor de aceite de oliva del mundo, y si se podía colaborar con el Centro Monell. El Gobierno de turno, presidido por José Luis Rodríguez Zapatero, trasladó la pregunta al CSIC y, de ahí, llegó al Instituto de la Grasa. La respuesta al diputado Maldonado i Gili[8] indicaba que varias universidades y centros de investigación españoles dedicaban esfuerzos a investigaciones sobre el aceite de oliva virgen y destacaban las llevadas a cabo en el Instituto de la Grasa como centro de referencia sobre materias grasas de los alimentos. Además, se explicaba que el oleocantal ya había sido descrito por primera vez en 1993, así que el equipo de Beauchamp se había limitado a nombrarlo (antes se lo designaba como la forma dialdehídica de la aglucona del ligustrósido descarboximetilado). En la respuesta también se incluían datos sobre la dosis de consumo del oleocantal: la concentración del compuesto en el aceite de oliva virgen extra varía entre 100 y 300 mg/kg, pero dado que la ingesta diaria de este aceite suele estar por debajo de los 50 g, el aporte de oleocantal quedaría reducido a menos de 1 mg al día. Es decir, según cálculos de los autores, se necesitaría consumir 0,5 kg de aceite de oliva virgen extra al día para obtener un efecto antiinflamatorio equivalente a una dosis de ibuprofeno. Además, la estabilidad de este compuesto en condiciones ácidas, como la del estómago, es baja, lo que limita su biodisponibilidad. Finalmente, dado que el experimento de Beauchamp era *in vitro*, no se podía afirmar que existiera el mismo efecto *in vivo*.

Desde 2005 hasta hoy se han publicado varias decenas de artículos científicos sobre el oleocantal. En diciembre de 2023 se publicó una revisión sistemática de estos estudios (González-Rodríguez *et al.*, 2023) y se concluyó que el oleocantal tiene potencial como agente antiinflamatorio y anticancerígeno, pero que la gran mayoría de los ensayos realizados son *in vitro* y es necesario realizar más estudios de intervención en seres humanos.

Los compuestos fenólicos, incluidos la oleuropeína, el hidroxitirosol y el oleocantal, son producidos por las plantas

---

8. Puede consultarse en Gobierno de España (2006): "Contestación a don Josep Maldonado i Gili (GC-CiU) sobre previsiones acerca de colaborar con el Centro Químico para los Sentidos Monell de Filadelfia (Estados Unidos)", *Boletín Oficial de las Cortes Generales*, serie D, n.º 397.

como sistema de defensa ante agresiones del exterior, como la sequía o el ataque de microorganismos. Lo curioso es que los animales que nos alimentamos de esas plantas tenemos la capacidad de incorporar esos compuestos en nuestro metabolismo y mejorar nuestra salud a pesar de que no producimos moléculas con estructura y función similares y que, por tanto, deberían ser extremadamente ajenas a nuestro cuerpo. El hecho de que podamos interactuar con esos compuestos sugiere que estamos preparados para detectar las pistas que las plantas nos dan acerca de las agresiones que sufren y que esos mismos compuestos nos ayudan a defendernos a nosotros también. Se trata de lo que Konrad T. Howitz y David A. Sinclair, de la Universidad de Harvard (Boston), denominaron xenohormesis (Howitz y Sinclair, 2008).

Otro ejemplo de xenohormesis asociado al olivo es el del ácido oleanólico. En este caso no se trata de un fenol, sino de un triterpeno. El ácido oleanólico se encuentra en multitud de plantas, pero en la hoja del olivo la presencia es muy alta. Se estima que representa hasta un 3,5% de una hoja seca. Teniendo en cuenta la cantidad de hojas que hay en un olivo, se podría extraer 1 kg de ácido oleanólico de cada uno de ellos. En nuestro grupo de investigación llevamos muchos años trabajando en el potencial preventivo y terapéutico del ácido oleanólico y hemos sugerido que tiene efectos antioxidantes, antiinflamatorios, hepatoprotectores y antidiabéticos, entre otros (Castellano, Ramos-Romero y Perona, 2022). Sin embargo, su concentración en el aceite de oliva es más baja que la de los fenoles, siendo normalmente inferiores a 200 mg/kg. En cambio, en el aceite de orujo de oliva la concentración de este compuesto es normalmente mayor que en otros aceites del olivar. Esto se debe a la presencia de restos de hoja en el subproducto del que se obtiene el aceite de orujo y que procede de la extracción del de oliva.

Otro compuesto de estructura similar a la del ácido oleanólico y probablemente con capacidad xenohormética es el eritrodiol. Aunque la información científica que tenemos disponible es menor, sabemos que se trata del precursor biosintético del ácido oleanólico; esto significa que, para producir ácido oleanólico, la planta primero produce eritrodiol. También sabemos que tiene una actividad vasodilatadora nada desdeñable (Rodríguez-Rodríguez *et al.*, 2004), por lo que sería útil para regular la presión arterial y es posible que comparta otras funciones con el oleanólico.

Al contrario que el ácido oleanólico, la presencia de eritrodiol en los aceites de oliva es mucho más notoria, sobre todo en el caso del aceite de orujo de oliva. Según la Norma comercial del COI, un aceite de orujo de oliva comercial debe tener más de un 4,5% de eritrodiol, tomando como referencia los esteroles totales. Es decir, que si un aceite de orujo contiene 1600 mg/kg de esteroles, como en el ejemplo anterior, el contenido de eritrodiol debería ser mayor de 72 mg. La Norma comercial también dicta que la concentración de eritrodiol en los aceites de oliva (distintos del de orujo) debe ser inferior al 4,5%. La razón de este criterio es que es el eritrodiol se emplea como marcador de autenticidad del aceite de oliva. Si tiene un exceso de eritrodiol es muy probable que haya tenido lugar una adulteración con aceite de orujo de oliva. Normalmente, el contenido en eritrodiol en los aceites de oliva no suele superar los 10 mg/kg (Bouchemal *et al.*, 2017).

El aceite de oliva virgen, el más saludable de los aceites comestibles

En muchas ocasiones me han preguntado cuál es el aceite comestible más saludable y nunca he tenido problemas para responder que, según la evidencia científica actual, es el aceite de oliva virgen (también el virgen extra). Sin embargo, la realidad es que lo hacía un poco a la ligera, teniendo en cuenta todo lo que había leído en las más de dos décadas que llevo dedicado a la investigación sobre aceite de oliva y salud, pero, siendo sincero, no había ningún estudio que lo hubiera demostrado. En el año 2023 surgió una oportunidad de hacerlo, así que nos pusimos manos a la obra en el Instituto de la Grasa.

Decidimos realizar una clasificación de la calidad nutricional del mayor número posible de aceites y grasas comestibles (D'Antuono, Paradiso y Summo, 2016). Finalmente, conseguimos suficiente información sobre composición química para incluir 32 en la clasificación, considerando componentes como: ácidos grasos saturados y trans; ácidos oleico, linoleico, alfa-linolénico y omega-3; tocoferoles, fitoesteroles y compuestos fenólicos. Para clasificarlos, empleamos las recomendaciones dietéticas y declaraciones nutricionales aprobadas por las más importantes instituciones mundiales, como son la EFSA europea, la USDA y FDA estadounidenses y la FAO/OMS.

Los aceites fueron clasificados con una puntuación entre −5 y +3 según su contenido en los nutrientes mencionados, penalizando aquellos para los que se recomienda una reducción del consumo, como los ácidos grasos saturados y trans, y premiando los que poseen efectos beneficiosos, como los fitoesteroles. La puntuación final, normalizada en una escala de 0 a 100, permitió identificar los aceites más saludables.

El aceite de oliva virgen ocupó el primer lugar con 100 puntos, seguido por el aceite de lino, el aceite de oliva común y el de orujo, que obtuvieron 86 puntos. Los aceites vegetales, en general, recibieron puntuaciones superiores a 50. Los aceites de pescado, como los de salmón o sardina, superaron los 68 puntos, mientras que las grasas animales, como la manteca, el sebo y la mantequilla, obtuvieron menos de 50 puntos, con el aceite de coco en el último lugar con 0 puntos.

El estudio reveló que la concentración de ácidos grasos saturados y fitoesteroles eran lo que más influía en la calidad nutricional de los aceites y grasas, siendo los ácidos grasos saturados perjudiciales y los fitoesteroles beneficiosos. Se identificaron puntos de corte predictivos para estos componentes, destacando que niveles altos de ácidos grasos saturados (más del 42,2%) indican baja calidad nutricional, mientras que altos niveles del omega-3 ácido alfa-linolénico (más del 12,2%) sugieren una calidad favorable.

Pensamos que este sistema puede ayudar a tomar decisiones informadas sobre los aceites que utilizan o compran tanto los consumidores para su uso doméstico como los productores de alimentos para uso industrial.

CAPÍTULO 5

La ciencia detrás de los efectos en la salud del aceite de oliva

Cuando el aceite de oliva se usaba como placebo

A pesar de la evidencia científica que se fue generando desde la publicación del Estudio de los Siete Países sobre los beneficios de la dieta mediterránea y, en particular, del aceite de oliva, durante décadas, este preciado aceite se empleó como placebo en ensayos clínicos.

En un estudio científico, un tratamiento con placebo es una intervención diseñada para simular un efecto sin que realmente exista. Es decir, se emplea una sustancia que no tiene acción terapéutica por sí misma para generar la impresión en las personas participantes en el estudio de que pueden estar recibiendo el tratamiento. Esa sustancia es el placebo. Veámoslo con un ejemplo. Imaginemos que un científico quiere demostrar que la aspirina quita el dolor de cabeza. En un ensayo clínico se podría administrar aspirinas a personas que tienen dolores de cabeza recurrentes y ver si se les quita o no. Pero ¿cómo saber si el efecto observado se debe al tratamiento? O dicho de otra forma, si al final del estudio las personas que han tomado la aspirina afirman tener menos dolores de cabeza, ¿podemos asegurar que haya sido debido al tratamiento? El resultado podría deberse a otra causa; por ejemplo, a que las personas mejoraron su dieta, durmieron mejor o estaban de vacaciones durante el estudio. Para evitar estos posibles errores, en los ensayos se incluye otro grupo de participantes a los que se trata con una pastilla que no contiene la sustancia a probar ni ninguna otra con un efecto similar. Así, si hay un efecto externo no controlado, ocurrirá en ambos grupos.

Hay una película que aborda de manera excepcional el efecto placebo: *Matrix*. En ella, todas las personas creen vivir en un mundo real, pero en realidad ese mundo no existe; están experimentando el efecto placebo. ¿Recuerdas cuando Morfeo le da a Neo la opción de elegir entre una pastilla roja o una azul? De esa manera, los directores ilustran el efecto placebo en la película: Neo puede elegir entre el tratamiento real, conocer la realidad del mundo en el que viven, que está controlado por las máquinas y en el que los humanos son utilizados como baterías, o quedarse con el placebo, el mundo de ficción creado por las máquinas.

Curiosamente, la Iglesia católica fue la que impulsó el uso de placebos (Guijarro, 2015). En el siglo XVI, el efecto placebo se utilizaba para desacreditar a quienes se beneficiaban económicamente de los exorcismos. Los agentes de la Inquisición mostraban falsos objetos sagrados a los supuestos poseídos. Si estos dejaban de estar poseídos, se demostraba que la posesión era falsa. La comunidad médica adoptó esta idea a partir del siglo XVIII, extendiendo el uso de sustancias inocuas con fines terapéuticos.

Cuando comencé mi tesis doctoral sobre los efectos del aceite de oliva en el transporte y metabolismo de los lípidos y buscaba información acerca de su impacto en la salud, me sorprendía encontrar muchos estudios en los que se utilizaba como placebo. Si, como he comentado más arriba, un placebo es una sustancia inocua, no tiene sentido usar aceite de oliva porque sabemos que tiene efectos por sí mismo. Un estudio publicado en 2002 (Masters *et al.*, 2002) arrojaba la hipótesis de que la ingesta de ácido linoleico conjugado, un ácido graso que se encuentra en la grasa de la leche de vaca, reduce la producción de leche en mujeres. No era una suposición disparatada porque ya se había observado en animales. En el ensayo participó un grupo de mujeres lactantes que recibieron diariamente 1,5 g de ácido linoleico conjugado. Por su parte, otro grupo de mujeres, también lactantes, recibió la misma cantidad de aceite de oliva como placebo. Los autores del estudio justificaron el uso de aceite de oliva como placebo porque no se había encontrado ningún efecto de su consumo sobre la producción de leche. Sin embargo, parece que no investigaron lo suficiente, ya que para entonces ya se había publicado un artículo en el que se observaba un incremento en el contenido de ácido oleico (el principal ácido graso del aceite de oliva) en mujeres que consumían aceite de oliva (De la Presa-Owens, López-Sabater y Rivero-Urgell, 1996). Los investigadores concluyeron que la ingesta de ácido linoleico conjugado reducía la producción de leche en mujeres lactantes. Sin embargo, según estos resultados, no se puede afirmar que el ácido linoleico conjugado reduce la producción de leche; solamente se podría afirmar que es menor que cuando se consume aceite de oliva. Quizá lo que ocurrió fue que el ácido linoleico conjugado no tenía efecto alguno y que el aceite de oliva incrementó la producción de leche. Esa es la importancia de elegir buenos placebos.

Los ejemplos más clamorosos del desastroso uso del aceite de oliva como placebo tienen que ver con los estudios sobre los efectos en la salud de los ácidos grasos del pescado, los famosos omega-3. En 2018 se publicó en la revista *New England Journal of Medicine*, una de las más prestigiosas en el ámbito de la medicina, un megaestudio sobre los efectos en la salud cardiovascular de los suplementos de ácidos grasos omega-3 en la diabetes mellitus (ASCEND Study Collaborative Group, 2018). En el estudio participaron 15 480 pacientes diabéticos que recibieron diariamente cápsulas que contenían 1 g de ácidos grasos omega-3 o placebo, es decir, aceite de oliva, durante nueve años.

Después de tantos años de seguimiento, la conclusión fue literalmente que, en el caso de los pacientes con diabetes sin evidencia de enfermedad cardiovascular no hubo diferencias significativas en el riesgo de eventos vasculares (infarto de miocardio o accidente cerebrovascular no fatal, ataque isquémico transitorio o muerte vascular) entre aquellos que fueron asignados para recibir suplementos de ácidos grasos omega-3 y aquellos asignados para recibir placebo. En otras palabras, no hubo diferencias relevantes en el riesgo de eventos vasculares entre los pacientes con diabetes que tomaron suplementos de omega-3 y los que tomaron placebo. Lo malo de la conclusión es que omite que el placebo era aceite de oliva. Es posible que tanto los omega-3 como el aceite de oliva tuvieran el mismo efecto favorable sobre estos eventos cardiovasculares; es decir, la conclusión de los autores fue que los suplementos de omega-3 no funcionan, pero podría ser que sí lo hicieran si se compararan con otros aceites en lugar de hacerlo con el aceite de oliva, que sabemos que protege frente a la enfermedad cardiovascular.

El uso de placebos en investigaciones sobre nutrición se estudió en 2018 (Webster *et al.*, 2019). Un grupo de investigadores examinó el uso de placebos en ensayos clínicos publicados ese año en las seis revistas médicas más importantes y concluyó que, en general, no se empleaban correctamente. Uno de los autores, Jeremy Howick, de la Universidad de Oxford, afirmó que "los diferentes placebos tienen efectos muy diferentes, lo que lleva a inferencias (a veces erróneas) sobre los efectos o daños de un nuevo tratamiento". Como ejemplo, mencionó el uso del aceite de oliva como placebo para probar medicamentos que reducen el colesterol, antes de que se descubriera que el aceite de oliva también reduce el colesterol.

Lo irónico es que, con el incremento del conocimiento sobre los efectos saludables del aceite de oliva, hoy en día se emplean otros aceites como placebos frente al de oliva. Sin embargo, esos aceites tampoco deberían ser considerados como placebos, dado que poseen actividad biológica por sí mismos. Lo ideal es, simplemente, comparar unos aceites comestibles con otros y olvidarnos de los placebos, al menos en los estudios de intervención dietética.

El *boom* de los estudios sobre aceite de oliva

La primera mención de los efectos saludables del aceite de oliva en una revista científica fue en 1801 (Scheel, 1801), y no por su uso oral, sino tópico, para el tratamiento de la peste.

En febrero de 1791, el barco L'amiable Maria llegó al puerto de Alejandría, en Egipto. Además de esclavos, transportaba ratas infectadas con la bacteria *Yersinia pestis*, causante de una de las peores plagas de peste en la historia del país. Durante este brote, el inglés George Baldwin, a la sazón cónsul general de Reino Unido en Egipto, desarrolló un gran interés en la transmisión y tratamiento de la peste. Aunque no tenía formación médica ni científica, Baldwin observó que la peste no se transmitía por el aire, sino por contacto. Tras muchas observaciones, algunas de ellas con ratas callejeras, teorizó que la peste era causada por un ácido que podía ser neutralizado con aceite de oliva. Baldwin realizó experimentos mezclando limón y aceite de oliva, y concluyó que el ácido del limón tenía afinidad por el aceite, por lo que este podría ser capaz de eliminar los efectos negativos de los ácidos. Para probar su hipótesis, Baldwin pidió que frotaran a varios enfermos de peste con aceite de oliva, obteniendo resultados positivos.

Baldwin envió su remedio a fray Luis de Pavía, director del Hospital de San Antonio en Esmirna, Turquía. El religioso trató a más de 50 personas con aceite de oliva, incluyendo niños, y observó curaciones significativas. Sin embargo, algunas personas murieron a pesar del tratamiento, lo que el fraile atribuyó a la tardanza o la imprecisión en el mismo. De todos modos, documentó estas observaciones en su libro *Observaciones sobre un nuevo tratamiento contra la peste encontrado por George Baldwin*, detallando también otros usos medicinales del aceite de oliva mencionados en la literatura médica de la época.

En un viaje por Turquía, el conde Leopold de Berchtold tuvo conocimiento de los hallazgos de fray Luis y se entusiasmó con los resultados observados, así que decidió publicarlos y difundirlos por todo el Mediterráneo. En 1797 se publicaron en italiano en Viena bajo el título *De los nuevos remedios curativos preservativos contra la peste, actualmente utilizados con gran éxito en el Hospital de S. Antonio en Esmirna*. Este documento incluía certificados de cónsules y vicecónsules que confirmaban la eficacia del tratamiento.

En 1801, el doctor Scheel publicó el artículo "Observaciones sobre la eficacia del aceite de oliva para prevenir y curar la plaga", resumiendo los efectos positivos del aceite contra la peste y reflexionando sobre el uso de otras grasas. A medida que las observaciones de Baldwin y fray Luis se difundían, más curaciones fueron reportadas en toda Europa. Por ejemplo, en Bath (Reino Unido), el doctor Fothergill trató exitosamente con aceite de oliva a un niño con fiebre tifoidea y a su madre. Estos informes contribuyeron a la aceptación del aceite de oliva como un remedio efectivo para diversas enfermedades inflamatorias.

Sin embargo, todos estos trabajos carecían de algo muy importante: el método científico, por lo que a pesar de que se llegaron a publicar en una revista científica, no deberían ser considerados más allá de una mera curiosidad.

Según la base de datos de artículos científicos de la Biblioteca Nacional de Medicina de Estados Unidos (Medline), hasta 1980 se habían publicado 379 artículos que mencionan el término aceite de oliva. Recordemos que ese fue el año de publicación de los primeros resultados del Estudio de los Siete

Países. Desde 1980 hasta 2003, cuando se inició el estudio PREDIMED, que se explicará más adelante, se publicaron 3006. Y desde entonces hasta el momento en que escribo estas líneas se han publicado 12 021.

Antes de 1980, los estudios que hacían referencia al aceite de oliva estaban dedicados, casi en su totalidad, a la química, la bioquímica y la tecnología de los alimentos. Solo unos pocos tenían que ver con la salud y se habían llevado a cabo en animales de experimentación, como ratas, ratones y conejos. No merece la pena destacar ninguno de ellos porque no tuvieron impacto ni siquiera entre la comunidad científica.

En cambio, a partir de la publicación del Estudio de los Siete Países, el interés explotó. Además de todos los artículos que se fueron desprendiendo del estudio de Keys y sus colaboradores, en la década de los ochenta surgieron nuevos nombres. En 1986, el milanés Cesare Sirtori realizó uno de los primeros ensayos de intervención en humanos con aceite de oliva (Sirtori *et al.*, 1986). Durante ocho semanas administró dietas bajas en grasas con aceite de oliva y aceite de maíz a 23 pacientes con alto riesgo de enfermedad cardiovascular. Se encontró que el consumo de aceite de maíz redujo el colesterol total, pero disminuyó más el colesterol bueno (HDL) en comparación con el aceite de oliva. La dieta con aceite de oliva mejoró los niveles de ciertas proteínas en la sangre y la función de las plaquetas, además de reducir significativamente los niveles de glucosa en plasma.

Otro apellido que mencionar es Trichopoulou, de origen griego. Se trata de otra pareja célebre asociada a la dieta mediterránea: Dimitrios y Antonia. Del mismo modo que a Ancel Keys se le ha llegado a llamar "padre de la dieta mediterránea", a Antonia Trichopoulou se le ha llamado la "madre de la dieta mediterránea". Dimitrios y Antonia estudiaron Medicina en la Universidad de Atenas, donde también obtuvieron su doctorado. Aunque los dos investigaron exhaustivamente sobre dieta mediterránea, Dimitrios se especializó en cáncer, mientras que Antonia lo hizo en nutrición. Lamentablemente, él falleció en 2014, pero Antonia sigue viva y es toda una leyenda. Aún imparte charlas por todo el mundo y es una oportunidad única poder escucharla. En los años ochenta y noventa, los Trichopoulou, en conjunto o separado, realizaron varios estudios en los que analizaban la dieta en Grecia y la asociaban con distintas enfermedades, en particular con el cáncer. En 1988 y 1989, el equipo de los Trichopoulou investigó los patrones dietéticos de 182 personas mayores de tres pequeñas poblaciones griegas (Trichopoulou et al., 1995). La idea era comparar la dieta de ese momento con la que se relataba en los estudios de Keys de los años sesenta. Como resultado, los Trichopoulou encontraron que en esas dos décadas no había habido cambios en los hábitos dietéticos, incluyendo el consumo de aceite de oliva, y eran muy parecidos a los que Keys había mostrado en las islas de Creta y Corfú. Además, hicieron un seguimiento de la mortalidad de los ancianos participantes durante los siguientes cinco años y encontraron que era mayor entre los que se desviaban más de la dieta griega tradicional. Concluían que, de todos los alimentos analizados, el más importante era el aceite de oliva, no solo porque mejoraba los lípidos en sangre, sino porque promovía el consumo de hortalizas y legumbres, realzando su sabor.

Estos estudios epidemiológicos eran muy útiles, pero no proporcionaban relaciones causales, por lo que durante mucho tiempo ha habido dudas sobre el verdadero efecto de la dieta mediterránea. En las propiedades beneficiosas de esta dieta también pueden influir las características del estilo de vida, la situación económica y la presencia de amplios sistemas de bienestar y salud en ciertos países mediterráneos. Lamentablemente, no había ensayos clínicos, que son los únicos que pueden proporcionar evidencia de causa y efecto. El Lyon Diet-Heart Study mostró datos sorprendentes sobre cómo la dieta mediterránea puede prevenir problemas cardiacos en personas que ya han tenido un infarto (De Lorgeril *et al.*, 1999). Los pacientes que siguieron una dieta mediterránea tuvieron un riesgo de entre el 50 y el 70% menor de sufrir otro evento cardiovascular en comparación con aquellos que siguieron una dieta baja en grasas. Además, el ensayo de Lyon sugirió que los pacientes que seguían la dieta de estilo mediterráneo también podrían estar protegidos contra el cáncer. Pero ¿qué ocurría con las personas que aún no habían tenido un infarto o un ictus? ¿También estaban protegidas?

El estudio PREDIMED: la pieza definitiva del rompecabezas

El estudio PREDIMED (PREvención con DIeta MEDiterránea) fue el mayor estudio clínico realizado jamás sobre dieta mediterránea en el mundo. Fue llevado a cabo en su totalidad por científicos españoles y financiado exclusivamente con fondos públicos y privados españoles[9].

El objetivo principal del estudio PREDIMED era averiguar si la dieta mediterránea reduce la muerte por enfermedades cardiovasculares. Puesto que el objetivo era observar la reducción de la mortalidad, no quedaba más remedio que ir contabilizando cuántas muertes iban ocurriendo cuando se consumía este tipo de dieta y no podían demorarse demasiado, debido a los costes. Por eso, se reclutaron 7447 participantes con alto riesgo de padecer una enfermedad cardiovascular. Para ello, tenían

---

9. Para hacernos una idea de lo que cuesta sacar adelante un estudio de estas características, el coste aproximado fue de nueve millones de euros. Esos fondos se repartieron entre el Instituto Carlos III, un ente público que tiene entre sus fines el apoyo científico sanitario, el Patrimonio Comunal Olivarero, una institución privada que tiene como objeto el fomento del aceite de oliva, y las empresas Borges y Nueces de California. En el estudio, coordinado por los investigadores Ramón Estruch y Miguel Ángel Martínez González, se implicaron 14 centros de investigación de universidades, hospitales y el CSIC. En él participamos más de 90 investigadores, médicos, enfermeras, dietistas-nutricionistas y técnicos de laboratorio. Yo tuve la suerte de ser uno de ellos, formando parte del nodo CIV-222 del Instituto de la Grasa.

que haber sido diagnosticados de diabetes mellitus tipo 2 o cumplir tres de los siguientes criterios: tabaquismo, hipertensión, niveles elevados de colesterol LDL, bajos niveles de colesterol HDL, sobrepeso o un historial familiar de enfermedad coronaria prematura.

Los participantes fueron asignados al azar a tres tipos de dietas: una de tipo mediterráneo suplementada con aceite de oliva virgen extra, otra igual suplementada con frutos secos y una baja en grasas, que se usaba como control. Esta última es la que recomendaba en ese momento la Asociación Americana del Corazón para pacientes de alto riesgo cardiovascular. Los grupos de dieta mediterránea recibían recomendaciones para seguir este tipo de dieta y se les proveía de aceite de oliva virgen extra o una mezcla de nueces, almendras y avellanas, según lo que les correspondiera. Los del grupo de aceite de oliva recibían un litro a la semana y los de frutos secos tenían que consumir 30 g al día de la mezcla. Si te has fijado, un litro de aceite a la semana es mucha cantidad para una persona. La razón de esta cantidad tan elevada era asegurarse de que había suficiente para que lo usara toda la familia y no solo la persona participante en el estudio. En caso contrario, se corría el riesgo de que emplearan otro aceite distinto al del ensayo o que simplemente renunciaran. El consumo medio real al final del estudio fue de 50 g al día (Estruch *et al.*, 2018).

La duración del estudio estaba prevista para cinco años, aunque, como veremos, terminó un poco antes de lo esperado. Para asegurarse de que esta monumental obra llegaba a buen puerto, el ensayo incluyó asesores externos de la Universidad de Columbia, la Universidad de Loma Linda y la rama española del Estudio EPIC en Harvard, que fueron los encargados de examinar la aplicación del protocolo y supervisar el progreso.

En 2006, tres años después del inicio, se publicó el estudio piloto que incluía los resultados de los primeros 772 participantes (339 varones y 433 mujeres) que completaron un periodo de intervención de tres meses. Todos los marcadores intermedios de riesgo vascular medidos, como presión arterial, azúcar en la sangre, resistencia a la insulina, colesterol, triglicéridos y marcadores inflamatorios mostraron resultados favorables en ambos grupos de dieta mediterránea en comparación con el grupo de la dieta baja en grasa (Estruch *et al.*, 2006). Los resultados se confirmaron tras un año de seguimiento y se evidenció la reducción en la incidencia de la diabetes tipo 2 en un 50% en ambas dietas mediterráneas en comparación con la dieta de baja en grasa (Salas-Salvadó *et al.*, 2008).

Resultados y contradicciones

Los resultados finales fueron publicados en la prestigiosa *New England Journal of Medicine* en abril de 2013 (Estruch *et al.*, 2013), diez años después del inicio del estudio, pero con datos de 4,8 años de seguimiento. Se registraron 96 eventos cardiovasculares (como infartos y accidentes cerebrovasculares) en el grupo que seguía la dieta mediterránea con aceite de oliva virgen extra, 83 en el grupo que seguía la dieta mediterránea con frutos secos y 109 en el que seguía una dieta baja en grasas. Aunque el efecto sobre la mortalidad no fue estadísticamente significativo, se observó una reducción del 30% en el riesgo de sufrir un accidente cerebrovascular, un ictus, en los grupos que consumieron la dieta mediterránea.

¿Por qué se acortó el estudio a 4,8 años en vez de 5? Como ya he mencionado, varias universidades del mundo se encargaron de supervisar el estudio; los coordinadores iban enviando los resultados para verificar que todo se hacía de forma adecuada y que eran fiables. Un día, los asesores de Harvard recibieron una gráfica, se reunieron, lo meditaron mucho y decidieron que había llegado el momento de detener el estudio. ¿Qué habían descubierto?: la confirmación definitiva de que el consumo de dieta mediterránea protegía frente a la incidencia de ictus. Efectivamente, se habían encontrado menos casos de ictus entre las personas que habían consumido la dieta mediterránea con aceite de oliva virgen extra o frutos secos que entre las personas que recibieron la dieta baja en grasas. Probablemente, era el descubrimiento más importante sobre la dieta mediterránea desde los tiempos de Ancel Keys y el Estudio de los Siete Países. Pero la clave es que, al contrario que en el estudio de Keys, que era de tipo epidemiológico, el PREDIMED era un ensayo clínico controlado y aleatorizado, lo que implicaba que se podía establecer una relación de causalidad. Por fin se demostraba, con un elevado grado de evidencia científica, que la dieta mediterránea protegía frente a la aparición de ictus.

El estudio estaba realmente previsto para cinco años pero, tras el descubrimiento sobre el papel protector frente al ictus, el comité asesor aconsejó detenerlo por motivos éticos. Una vez se hubo demostrado que los grupos que consumían dieta mediterránea se habían visto beneficiados, no era ético permitir que los participantes en el grupo de dieta baja en grasa siguieran. Estos últimos tenían derecho también a verse beneficiados también por la dieta mediterránea. Por eso se detuvo el ensayo.

Además, como ya hemos visto, el objetivo principal del estudio PREDIMED era averiguar si la dieta mediterránea reduce la muerte por enfermedades cardiovasculares; sin embargo, el ensayo se detuvo con resultados sobre incidencia de ictus, no de mortalidad. Realmente no se pudo demostrar que la dieta mediterránea redujera la mortalidad por enfermedad cardiovascular: los resultados eran muy similares a los del ictus, pero el análisis estadístico dictaminó que la diferencia entre los grupos de dieta mediterránea y el grupo control no era suficientemente grande; sin embargo, sí lo fue en el subgrupo de pacientes con diabetes. Una vez terminado el estudio, en estas personas se evaluó la supervivencia a lo largo de los 4,8 años y se encontró que era mayor si habían formado parte de alguno de los dos grupos que recibieron dieta mediterránea (Salas-Salvadó et al., 2011).

Por último, ya mencioné que no hay un listado de alimentos que pueden y otro de alimentos que no pueden pertenecer a la dieta mediterránea y que, más que una pauta dietética, se trata de un estilo de vida: una forma de cocinar, consumir y compartir los alimentos. Para el estudio PREDIMED, igual que para otros estudios sobre dieta mediterránea, se realizó una definición propia de esta, que se empleó para confeccionar un cuestionario que permitía saber si los participantes en el estudio habían consumido o no una dieta de tipo mediterráneo (Sánchez-Taínta *et al.*, 2008). Fijémonos en que los investigadores emplean la palabra *tipo* para referirse a la dieta mediterránea. En ese cuestionario había dos preguntas sobre aceite de oliva, aunque no se especificaba que fuera virgen. También había peguntas sobre el consumo de verduras y hortalizas, frutas, carnes rojas, mantequillas, margarinas o nata, refrescos, vino, legumbres, pescados y mariscos, repostería comercial, frutos secos, carnes de aves y sofritos[10]. El vino fue incluido en el cuestionario, pero, curiosamente, en un primer momento el grupo de estudio con dieta mediterránea suplementada con aceite de oliva del PREDIMED, en realidad, iba a estar suplementado con vino tinto porque se presumía que era saludable por su efecto antioxidante. Sin embargo, existían muchas dudas éticas al respecto. Finalmente, se decidió sustituir el vino por aceite de oliva. Esto también generó controversia porque se suponía que la dieta mediterránea incluye aceite de oliva como condición indispensable. Es decir, los dos grupos de

---

10. El cuestionario está disponible en la web de la Fundación Dieta Mediterránea (https://n9.cl/qedmtv), así que puede realizarse si se tiene curiosidad sobre el grado de adherencia a la dieta mediterránea, al menos según el PREDIMED. Yo lo he realizado y me sale que mi adherencia es media (me temo que ese es el resultado de la mayoría de las personas que se someten al cuestionario). Una de las razones de esa puntuación es que el cuestionario considera adecuado y parte de la dieta mediterránea consumir un vaso de vino al día en el caso de las mujeres y dos en el caso de los hombres. Puede que no estés de acuerdo, pero recuerda que esta es solo una posible definición de dieta mediterránea. Evidentemente, no es aplicable a las culturas mediterráneas donde no se consumen bebidas alcohólicas y tampoco significa que los abstemios no puedan seguir una dieta mediterránea con un alto grado adherencia.

dieta mediterránea ya iban a incluir aceite de oliva. La decisión final en favor del aceite fue tomada tras la insistencia de la investigadora Valentina Ruiz, del Instituto de la Grasa, que argumentaba que el aceite debía ser virgen y que era necesario asegurarse de que tuviera una composición química muy controlada, en particular en componentes menores, como hemos visto en el capítulo anterior.

El gran estudio fue retractado

El 13 de junio de 2018 saltaron todas las alarmas: el *New York Times* publicaba un artículo con el siguiente titular, en referencia al estudio PREDIMED: "Ese enorme estudio sobre la dieta mediterránea fue defectuoso. ¿Pero estuvo mal?". En la entradilla se daban más detalles de lo sucedido: el estudio publicado en el *New England Journal of Medicine* cinco años antes había sido retractado y retirado de la revista porque se habían encontrado errores.

Desde su publicación, había recibido algunas críticas. Por ejemplo, que el protocolo para el grupo de control que consumió la dieta baja en grasas se cambió durante el ensayo; que hubo más participantes que se retiraron del ensayo en el grupo bajo en grasas; que pudieron haber manipulado los resultados, y que la dieta baja en grasas no lo era tanto porque el consumo real de grasas era relativamente alto, probablemente debido a que los participantes vivían en un país mediterráneo donde se consumen bastantes grasas. Por lo tanto, se argumentó que no estaba claro si los resultados serían aplicables a entornos no mediterráneos. Estas críticas se tuvieron en consideración, pero no menguaron la potencia de los resultados ni fueron la causa de la retractación.

Como buen ensayo clínico, una de las características esenciales del PREDIMED es que debía ser aleatorizado, lo que significa que los participantes se asignaron al azar a cada uno de los tres grupos de ensayo (dieta mediterránea con aceite de oliva, dieta mediterránea con frutos secos o dieta baja en grasa). La idea de un ensayo aleatorizado es asegurar que los grupos comparados sean equivalentes, sin diferencias significativas entre ellos en aspectos físicos, sociodemográficos u otras características que puedan influir en los resultados. Si los sujetos no se asignan al azar, los investigadores no pueden estar seguros de que los efectos observados se deban al tratamiento y no a alguna de estas diferencias.

Este fue precisamente el problema: los grupos no eran completamente aleatorios debido a las complejidades inherentes al diseño de un estudio tan grande. Estos estudios involucraban a personas y muchas de ellas podían vivir juntas. Se descubrió que algunos participantes vivían en el mismo hogar y que, para aprovechar mejor los alimentos proporcionados, se les asignaba el mismo grupo de intervención. Por ejemplo, si una persona estaba en el grupo de dieta mediterránea con aceite de oliva y su pareja también participaba en el estudio, ambos eran asignados al mismo grupo para aprovechar el aceite de oliva. En otras palabras, fallaba la aleatorización y las características propias del hogar (costumbres, etc.) podrían influir en los resultados. Este fue el caso de aproximadamente 390 de los 7447 sujetos que completaron el ensayo.

Un problema similar surgió debido al origen diverso de los participantes, que provenían de distintas regiones de España: Cataluña, Navarra, Andalucía, Baleares…, y de ciudades grandes como Barcelona o Sevilla, así como de pueblos pequeños. En los pueblos todos se conocen y, si hay varios participantes en el estudio, todos se enteran del grupo en el que cada uno ha sido colocado. En algunos de estos pueblos había personas en el grupo control que solo recibían recomendaciones para seguir una dieta baja en grasas, mientras que otros estaban en el grupo con dieta mediterránea y aceite de oliva virgen extra. Como hemos visto, estos últimos recibían una botella de litro de aceite cada semana ¡gratis!, lo que provocaba la envidia entre los participantes de otros grupos, que no recibían nada por participar en el estudio o solo unos frutos secos. Para resolver este problema, algunos investigadores asignaron a todos los participantes del mismo pueblo al mismo grupo, pero no informaron a los coordinadores. De nuevo, se perdió la aleatorización. Este fue el caso de 652 sujetos.

¿Qué hacer entonces? Una vez conocidos estos defectos en el reparto, los coordinadores del estudio tuvieron que realizar un complejo ajuste estadístico. Afortunadamente, dado que el número de sujetos incorrectamente asignados a los grupos de estudio era pequeño en comparación con el total, el análisis estadístico no alteró los resultados generales del ensayo. Menos mal, porque después de tantos años de estudio y de las implicaciones científicas y sociales que había tenido, todo podría haberse arruinado por un error de diseño. El editor en jefe del *New England Journal of Medicine*, Jeffrey M. Drazen, destacó la ejemplar predisposición de los investigadores de PREDIMED en el manejo de estas cuestiones y enfatizó que la republicación no alteraba ninguna conclusión. Drazen afirmó que "las conclusiones deberían aumentar la confianza del público en la ciencia, no erosionarla" (Fernández-Lázaro, Ruiz-Canela y Martínez-González, 2021). El estudio se volvió a publicar corregido en la misma revista y ejemplar en el que se había publicado la retractación.

CAPÍTULO 6

Aceite de oliva y enfermedades no transmisibles

El *Juramento hipocrático* es un texto tradicional atribuido a Hipócrates, conocido como el "padre de la medicina" y que vivió en Grecia entre los años 460 y 370 a. C. Se trata de uno de los documentos fundamentales de la ética médica occidental, cuyo propósito principal era establecer los principios de conducta profesional para los médicos, como el respeto por la vida, la confidencialidad y la no maleficencia (no causar daño). En su texto, el juramento hace mención a figuras relevantes de la mitología médica griega y comienza así: "Juro, invocando a Apolo el médico, a Asclepio, a Higiea y a Panacea, y a todos los dioses y diosas como testigos, que cumpliré este juramento y este contrato según mi capacidad y juicio". ¿Quiénes eran estos dioses y qué relevancia tenían para la medicina griega?

Según la mitología, Asclepio (también conocido como Esculapio en la versión romana), el dios de la salud por antonomasia, era hijo de Corónide, una bella mortal, y de Apolo, uno de los dioses más importantes del panteón griego. Apolo encomendó su educación al centauro Quirón, quien le enseñó las virtudes de las plantas y la medicina. Pero Asclepio no solo sanaba a los vivos, sino que intentó resucitar a los muertos, lo que provocó la ira de Zeus, quien lo destruyó. Antes de eso, Asclepio tuvo tiempo de tener cuatro hijos y cinco hijas, entre ellas Higiea y Panacea. Higiea era la diosa de la curación, la limpieza y la sanidad; de su nombre deriva el término *higiene*, y se asoció con la prevención de la enfermedad y el mantenimiento de la buena salud. A esta diosa habitualmente se la representaba como una mujer joven que alimenta a una gran serpiente enroscada en torno a su cuerpo. De esta representación se deriva la inclusión de la serpiente en el símbolo de la farmacia.

Por su parte, Panacea era la diosa del remedio universal, cuyo nombre deriva de las palabras griegas *pan* ('todo') y *akos* ('remedio'), lo que literalmente significa 'aquello capaz de curar todas las enfermedades'. Por eso, Panacea simbolizaba la capacidad de curar cualquier dolencia, un atributo que la convirtió en una figura central en la tradición médica. Se decía que Panacea poseía un ungüento o poción con el poder de sanar cualquier enfermedad, tanto en mortales como en deidades. Este mito inspiró a los alquimistas de la Antigüedad, quienes dedicaron sus vidas a buscar una sustancia capaz de curar todas las dolencias: la panacea. Con el tiempo, este término trascendió su origen mitológico y pasó a utilizarse en medicina para describir una sustancia con propiedades curativas universales. Hoy en día seguimos haciéndolo: ¿a quién no le gustaría encontrar la sustancia perfecta que resuelva todas las enfermedades? ¿Quién no ha tenido la tentación de atribuir a un solo compuesto todos los beneficios?

Algo así ha pasado a lo largo de la historia de la ciencia, como cuando se atribuyeron al vino tinto beneficios cardiovasculares debido a la presencia de resveratrol. Es lo que se denominó como la paradoja francesa. En Francia, la incidencia de estas enfermedades era menor que en otros países desarrollados, a pesar de que su dieta es rica en grasas saturadas, provenientes de alimentos como quesos, mantequilla y el famoso *foie gras*. Fue el irlandés Samuel Black quien, fascinado por la cultura gastronómica francesa, observó que los oriundos de ese país sufrían menos ataques cardiacos que los ingleses y otros europeos (Black, 1819). En su libro sugirió que el consumo de vino tinto podría desempeñar un papel clave en este fenómeno. Mucho más recientemente, en 1991, el programa de televisión estadounidense *60 Minutes* popularizó esta idea al atribuir la paradoja a las propiedades beneficiosas del vino tinto, como su contenido de resveratrol, lo que provocó un aumento notable en las ventas de vino tinto en Estados Unidos y consolidó el término *paradoja francesa*. Pero realmente, como muchas paradojas, la francesa no era tal.

En 1999, un estudio en el *British Medical Journal* sugería que la paradoja francesa (Law y Wald, 1999) podría ser una ilusión causada por dos distorsiones estadísticas. En primer lugar, señalaron que la diferencia en las tasas de enfermedades coronarias entre Francia y Reino Unido podría deberse a diferencias en los recuentos de estas enfermedades en Francia. En segundo lugar, propusieron que la mortalidad por enfermedades coronarias estaba más relacionada con los niveles pasados de colesterol y el consumo de grasas animales en lugar de los niveles en el momento de valorar la mortalidad. Por otra parte, estudios recientes han cuestionado la relación entre el consumo de grasas saturadas y las enfermedades cardiacas. Un análisis del *Nurses' Health Study* realizado en 2006 encontró que la proporción de grasas saturadas frente a insaturadas no afectaba significativamente al riesgo de enfermedades cardiacas (Couzin, 2006).

Además, aunque se había propuesto el alto consumo de vino tinto en Francia como posible explicación de la paradoja, diversas investigaciones han demostrado que la cantidad de resveratrol es demasiado baja como para ser el responsable, sobre todo en los vinos de buena calidad, ya que el resveratrol es un compuesto que la planta produce como defensa frente a hongos. Así pues, el resveratrol no era, ni mucho menos, la panacea que explicaba la paradoja francesa. De hecho, en diciembre de 2014 se publicó un artículo firmado por el italiano Francesco Visioli que aseguraba que el resveratrol era un fiasco, es decir, que no había evidencia suficiente para todos los beneficios que se le atribuían (Visioli, 2014). De hecho, otros han mostrado que en células tratadas con resveratrol se podía encontrar un efecto y el contrario (López-Nicolás, 2011).

¿Es el resveratrol el único fiasco conocido que se pensó que era una panacea? Ni mucho menos. Otros, como los carotenoides y los ácidos grasos omega-3, han corrido una suerte parecida. Por eso es necesario ser extremadamente cauto cuando se atribuyen efectos beneficiosos para la salud a los aceites del olivar. Si por algo se distinguen los aceites de oliva de otros comestibles es porque se han asociado fuertemente con la protección frente a las enfermedades, como ya hemos visto en capítulos anteriores. Desde la enfermedad cardiovascular hasta el cáncer, el aceite de oliva se ha venido investigando profusamente en las últimas décadas, pero en ningún caso es la panacea para el tratamiento de las enfermedades, aunque sí puede contribuir a su prevención. Igualmente, su efecto es muy dependiente de su composición y de cómo las sustancias que contienen se absorben y se distribuyen por el organismo, es decir, de su biodisponibilidad.

Biodisponibilidad de los compuestos bioactivos del aceite de oliva

Como ya se ha mencionado, los compuestos bioactivos del aceite de oliva más investigados por sus propiedades antioxidantes son los fenoles tirosol e hidroxitirosol, que aparecen en el aceite unidos a una molécula de glucosa y al ácido elenólico para formar la oleuropeína. Por eso, cuando ingerimos aceite de oliva, estos compuestos son rápidamente transformados en el estómago, desprendiendo la molécula de glucosa y liberando las formas libres que llegan al intestino delgado. En modelos experimentales de laboratorio se ha demostrado que ambos compuestos pueden atravesar las células intestinales humanas para llegar al torrente sanguíneo, pero también que cuando proceden de aceite de oliva virgen extra la absorción es mayor que cuando son ingeridos como parte de aceites refinados o productos lácteos como el yogur (Visioli *et al.*, 2003).

Una vez en la sangre, los fenoles pasan rápidamente a los tejidos, incluyendo el hígado y los riñones, donde son transformados en compuestos fácilmente eliminables del organismo. Por ejemplo, un estudio encontró que, al consumir 25 mL de aceite de oliva virgen extra (con 1,2 mg de hidroxitirosol), las concentraciones sanguíneas de hidroxitirosol alcanzaban su pico a los 30 minutos (Weinbrenner *et al.*, 2004). A partir de ese momento, van decayendo. Por compararlo con otros nutrientes, la glucosa suele alcanzar el máximo sobre los 60 minutos y las grasas alrededor de los 120 o 180 minutos. De todos modos, la concentración máxima en la sangre se puede producir entre los 15 y los 120 minutos, dependiendo de la dosis y del alimento en el que se ingiera. Así pues, el tiempo total de permanencia del hidroxitirosol en la sangre es corto, alrededor de 3 horas. Es el consumo continuado el que permite encontrar el compuesto en la sangre en concentraciones suficientes para obtener beneficios para la salud.

Por otra parte, la oleuropeína, el compuesto que aporta el amargor al aceite de oliva, no se absorbe tan fácilmente en el intestino y viaja por ese órgano hasta encontrarse con la microbiota. Las bacterias del intestino tienen la capacidad de romper la molécula y liberar también hidroxitirosol, aumentando sus concentraciones plasmáticas. Otro de los fenoles más estudiados es el oleocantal, que se transforma por la acidez del estómago y en la parte superior del intestino. Posteriormente, es procesado en el hígado, generando compuestos similares que parecen mantener los efectos antioxidantes y antiinflamatorios, pero probablemente en concentraciones muy bajas. Aunque sobre esto queda mucho por estudiar.

Hay que tener en cuenta que los fenoles son, en realidad, sustancias producidas por las plantas para defenderse de los ataques de microorganismos y otras formas de estrés y que, en concentraciones altas, pueden resultar tóxicos para los humanos. Por eso, nuestro cuerpo tiene mecanismos para deshacerse de ellos. Mientras tanto, pueden contribuir a la salud por su actividad antioxidante.

La biodisponibilidad del resto de componentes del aceite de oliva va por otros derroteros. Mientras que los compuestos fenólicos se disuelven relativamente bien en el agua y, por tanto, en la sangre, los ácidos grasos, los esteroles, los tocoferoles, los carotenos y el resto de sustancias bioactivas que encontramos en el aceite se disuelven mejor en sustancias grasas, como el propio aceite. Así, mientras que los fenoles pasan directamente a la sangre, el resto de componentes, que no pueden disolverse en ese medio acuoso, necesitan un proceso más complejo.

Los componentes grasos de un aceite son hidrofóbicos, lo que significa que tienen aversión por el agua; como consecuencia, tienden a disponerse lo más alejados posible de ese medio. Es algo muy similar a lo que ocurre cuando mezclamos agua y aceite en un vaso: si hacemos una mezcla a mano o con una batidora, los componentes tenderán a separarse uno del otro. Habrás visto alguna vez que las pequeñas gotas de aceite tienen la tendencia a unirse entre sí y a disponerse en la capa superior, porque tienen menos densidad. ¿Por qué eso no ocurre con la mayonesa? Porque en el huevo (o en la leche si hacemos lactonesa) hay unos compuestos llamados fosfolípidos, como la lecitina, que tienen una parte a la que le atrae el agua y otra a la que le atrae el aceite. Si se colocan en la superficie de las burbujas de aceite, permiten que se mantengan estables sin fundirse unas con otras, formando una emulsión. Cuando una mayonesa se corta se debe a que esa estabilidad se ha roto y las burbujas de aceite tienden a unirse entre sí.

Ahora imaginemos lo que ocurriría en la sangre si toda la grasa se fuera por un lado y el agua por el otro: un desastre mortal. Afortunadamente, los fosfolípidos que ingerimos con la grasa de la dieta y los que producimos en nuestro organismo pueden actuar de la misma forma que en una mayonesa, estabilizando las burbujas de aceite. Esto sucede en primer lugar en las células intestinales, con las gotículas formadas por los ácidos grasos y los otros componentes lipídicos de los aceites que consumimos; también con los del aceite de oliva. En el caso de nuestro cuerpo, las gotículas son microscópicas y más complejas que las de una mayonesa, ya que incorporan también proteínas, por eso se denominan lipoproteínas y son los vehículos transportadores de los compuestos bioactivos del aceite de oliva de carácter hidrofóbico. En particular, las lipoproteínas que se forman en el intestino se denominan quilomicrones, y son esferas enormes en relación con el tamaño de una célula, llegando a 1 micrómetro (la milésima parte de un milímetro).

Estos quilomicrones emprenden un viaje desde el intestino y van dejando sus pasajeros, los componentes de la grasa, en distintas estaciones, pero sobre todo en el tejido adiposo. Por eso la grasa que ingerimos en la dieta se almacena tan rápido. Esto es lógico porque cuando comemos estamos ingiriendo una gran cantidad de energía en forma de carbohidratos y de grasa. Como no la necesitamos en ese momento, tiene sentido almacenarla. En particular, almacenamos más eficientemente la grasa que necesitaremos para transformar en energía cuando sea necesario, como son los ácidos grasos saturados.

Sin embargo, el destino final de los quilomicrones no es el tejido adiposo, sino el hígado. Por eso, tras el paso por el tejido adiposo, los quilomicrones que quedan, llamados quilomicrones remanentes, contienen aún muchos componentes lipídicos que no están destinados a la producción de energía, como los componentes menores del aceite de oliva. El hígado, que es la principal fábrica de sustancias útiles para el metabolismo, les da el uso más conveniente o simplemente los acumula.

Por cierto, la grasa también debe transportarse por la sangre desde el hígado a otros tejidos y desde ellos de vuelta al hígado; de ello se encargan otras lipoproteínas, como VLDL, LDL y HDL. Efectivamente, entre ellas están las que llamamos colesterol bueno (HDL) y colesterol malo (LDL). Pero esa es otra historia y debe ser contada en otra ocasión.

La biodisponibilidad de los ácidos grasos del aceite de oliva es muy elevada; casi todos se absorben en el intestino, se incorporan a quilomicrones y llegan a su destino, sea el tejido adiposo o el hígado. En cambio, para los otros componentes no es tan alta. Además, disponemos de mucha menos información que en el caso de los fenoles. Por ejemplo, en humanos solo se absorbe entre el 5 y el 10% del beta-sitosterol, el principal esterol del aceite de oliva, mientras que se absorbe entre el 45 y el 54% del colesterol total ingerido (Chan *et al.*, 2006). Por eso, el beta-sitosterol se encuentra en concentraciones de entre 800 y 1000 veces menores que las del colesterol en los tejidos y la sangre de personas sanas. Además, una buena parte del beta-sitosterol se transforma en el hígado en sales biliares, y es excretado como parte de la bilis. Hay muchos factores que influyen en la absorción de los esteroles, como su forma química, la dosis, la presencia de otros componentes, la genética y el alimento en el que se encuentran. En este sentido, se absorben mejor los esteroles cuando se ingieren integrados en una grasa, como es el aceite de oliva.

De manera similar, la biodisponibilidad de los tocoferoles (vitamina E) y carotenoides (precursores de la vitamina A) en humanos depende de los mismos factores y es mayor cuando se encuentran en un medio graso. También aumenta la biodisponibilidad cuando los alimentos se consumen triturados. Por ejemplo, llama la atención que el licopeno, el carotenoide con actividad antioxidante que da el color rojo al tomate, se absorbe mejor cuando el tomate está triturado en forma de salsa que contiene aceite. Es más, se absorbe mejor en el kétchup que en el tomate crudo, aunque eso no significa que el primero sea más saludable que el segundo, por su contenido en azúcar y sal. En conjunto, la absorción de los carotenoides oscila entre el 5y el 50%, mientras que la de los tocoferoles ronda del 10 al 33%. Por su parte, el escualeno se absorbe de forma mucho más eficaz. Entre el 60 y el 85% de lo que ingerimos se puede encontrar en la sangre en forma de lipoproteínas (Kelly, 1999). Tras pasar por el hígado, se incorpora en VLDL y uno de sus destinos principales es la piel, donde actúa como antioxidante.

Unos de los compuestos menos investigados, pero no por ello menos importantes, son los triterpenos, como el ácido oleanólico y el eritrodiol. Estudios llevados a cabo en China sugerían que la biodisponibilidad del ácido oleanólico era muy baja. Sin embargo, esos estudios habían administrado el compuesto en forma acuosa. En nuestro grupo de investigación del Instituto de la Grasa hemos demostrado que, si se administra disuelto en un aceite, su biodisponibilidad puede incrementarse varias veces (García-González *et al.*, 2023). En 2023 publicamos un estudio en el que administramos una dosis de 50 g aceite de oliva funcional que contenía 30 mg de ácido oleanólico a 22 personas sanas con el fin de determinar cuánto se absorbía y pasaba a la sangre. Durante las horas posteriores a la ingesta encontramos 2600 ng de ácido oleanólico por mL de sangre, lo que supone que casi un 50% del que había en el aceite se había absorbido. En cambio, no existen por el momento evidencias científicas de la absorción y biodisponibilidad del eritrodiol, a pesar de que se conoce su actividad biológica. Aún queda mucho por investigar.

El I Congreso Internacional sobre Aceite de Oiva y Salud

Durante las últimas décadas del siglo pasado, la investigación sobre aceite de oliva y salud fue casi frenética. De ser casi un desconocido para la comunidad científica y, en particular, para la médica, el aceite de oliva pasó a ser, con mucho, el que más llamó su atención de todos los aceites comestibles. Desde el Estudio de los Siete Países, numerosos estudios epidemiológicos habían demostrado que las poblaciones que seguían una dieta mediterránea, en la que el aceite de oliva virgen era la principal fuente de grasa, tenían un menor riesgo de padecer enfermedades no transmisibles.

Por eso, a principios de siglo, investigadores de todo el mundo se reunieron en Jaén para celebrar el I Congreso Internacional sobre Aceite de Oliva y Salud. Como consecuencia de aquella reunión, se publicó un documento de consenso que se llamó Declaración de Jaén (Pérez-Jiménez *et al.*, 2005) y fue dedicado a Ancel Keys, que había fallecido en noviembre de ese año, tras llegar al siglo de vida. Dicha declaración subrayaba que este alimento milenario no solo es un componente esencial de la cultura gastronómica mediterránea, sino también un aliado poderoso en la lucha contra enfermedades crónicas y en el fomento de un envejecimiento saludable. El documento de consenso se centró precisamente en el envejecimiento como una de las principales preocupaciones de los países desarrollados, donde patologías como enfermedades cardiovasculares, alzhéimer, diabetes y cáncer se consideraban ya cada vez más frecuentes.

En un contexto en el que las dietas ricas en ácidos grasos saturados y trans se vinculaban con un mayor riesgo de enfermedades cardiovasculares, su reemplazo con la dieta mediterránea, rica en aceite de oliva, mostraba beneficios en las concentraciones de colesterol sanguíneo. Uno de los efectos más destacados del consumo de aceite de oliva era su capacidad para reducir el colesterol LDL (colesterol malo), sin disminuir el colesterol HDL (colesterol bueno). Un equilibrio adecuado entre estos dos tipos de lipoproteínas que transportan colesterol se revelaba como crucial para la salud cardiovascular, reduciendo la formación de placas de ateroma en las arterias. De hecho, algunos estudios habían demostrado que las partículas LDL de los individuos que consumían aceite de oliva estaban más protegidas frente a la modificación oxidativa. Las LDL oxidadas son especialmente peligrosas porque dan lugar a una mayor acumulación de grasa en estas placas y al fenómeno inflamatorio asociado. Esta protección es superior a la que se observa en personas que consumen dietas enriquecidas con ácidos grasos poliinsaturados. Además, había evidencias de que la dieta mediterránea también disminuía las concentraciones de triglicéridos plasmáticos.

Otro beneficio importante del aceite de oliva era su impacto positivo en el metabolismo lipídico posprandial, es decir, el metabolismo de las grasas que tiene lugar justo después de comer. Para ese momento ya existían evidencias de que el desarrollo de las placas de ateroma se produce también debido a la acumulación de quilomicrones. Este periodo de tiempo, que incluye la digestión, absorción, transporte y metabolización de las grasas, tiene una duración de cinco o seis horas. Dado que lo habitual es consumir alimentos entre tres y cinco veces al día, la mayor parte de nuestro tiempo de vigilia estamos en periodo posprandial. Esto añadía un riesgo aún mayor al que ya se conocía sobre el efecto de las lipoproteínas en ayunas, las LDL.

El consumo de aceite de oliva también mejoraba la función endotelial, es decir, la capacidad de los vasos sanguíneos para dilatarse y contraerse de manera adecuada. Esto es importante porque una función endotelial deficiente está asociada con un mayor riesgo de enfermedades cardiovasculares, sobre todo en lo relacionado con la presión arterial. En 2004 ya se sabía que el aceite de oliva era eficaz en la reducción de la presión arterial, tanto en personas con hipertensión como en individuos con presión arterial normal, lo que era clave para prevenir enfermedades cardiovasculares como infartos de miocardio y accidentes cerebrovasculares. Además, las evidencias apuntaban a mejoras en la agregación plaquetaria, reduciendo el riesgo de formación de coágulos en las arterias.

A pesar de que la mayoría de las investigaciones hasta ese momento se habían centrado en enfermedades cardiovasculares, en el congreso se pusieron sobre la mesa los últimos estudios sobre otras patologías metabólicas. En relación con el metabolismo de los hidratos de carbono, en esa época ya se sabía que la dieta mediterránea puede ofrecer beneficios cuando contiene aceite de oliva y que era efectiva en pacientes con diabetes tipo 1 y 2, regulando los niveles de glucosa en sangre y mejorando la sensibilidad a la insulina. Además, se mostraron evidencias de que el aceite de oliva virgen puede ser protector frente al deterioro cognitivo asociado con la edad y enfermedades como el alzhéimer.

El ácido oleico presente en el aceite contribuye a mantener la integridad de las membranas neuronales, mientras que sus antioxidantes protegen las células del daño oxidativo. Más aún, los investigadores en cáncer mostraron datos que indicaban que en países mediterráneos como España, Italia y Grecia, donde el consumo de aceite de oliva virgen es habitual, las tasas de esta enfermedad eran más bajas en comparación con los países del norte de Europa. También se atribuyó este beneficio a la presencia de antioxidantes, principalmente fenoles, que juegan un papel clave al reducir el daño celular causado por los radicales libres, un factor importante en el desarrollo del cáncer.

En definitiva, el documento de consenso de este primer congreso concluyó que la dieta mediterránea, con el aceite de oliva virgen como protagonista, es un modelo dietético holístico asociado a un envejecimiento saludable y una mayor longevidad, especialmente si su consumo comienza desde edades tempranas. De todos modos, el documento incidía en la necesidad de realizar más ensayos clínicos porque la mayor parte de la información disponible procedía de estudios epidemiológicos, y en impulsar los estudios mecanísticos que descifren las claves por las que el aceite de oliva ejerce tales efectos. En cualquier caso, el aceite de oliva quedó consolidado como un valioso legado de la tradición mediterránea reconocido por la Declaración de Jaén.

El segundo congreso

Del mismo modo que los Juegos Olímpicos y los campeonatos mundiales de muchos deportes tienen lugar cada cuatro años, con esa periodicidad se celebró el II Congreso Internacional sobre Aceite de Oliva y Salud. De nuevo, en Jaén. No en vano, esta provincia española es considerada de forma oficiosa como la capital mundial del aceite de oliva, dado que cuenta con más de 550 000 hectáreas de olivares dedicados a la producción de aceite, casi una cuarta parte del total nacional. Por eso, la producción de aceite de oliva en la provincia es aproximadamente una cuarta parte de la nacional. Por ejemplo, en noviembre de 2024 se produjeron más de 63 000 toneladas de las 262 000 nacionales (Ministerio de Agricultura, Pesca y Alimentación, 2004).

Mientras que en el primer congreso el enfoque principal fue establecer las bases científicas de los beneficios del aceite de oliva, especialmente en el contexto de la dieta mediterránea, y se centró sobre todo en el ácido oleico predominante en el aceite de oliva, el segundo congreso prestó más atención a los componentes menores bioactivos (López-Miranda *et al.*, 2010). De ese modo, se ensalzaba el aceite de oliva virgen, mucho más rico en estos compuestos minoritarios que el aceite de oliva común, especialmente en lo que a compuestos fenólicos se refiere.

Uno de los estudios que más contribuyeron en este periodo al conocimiento de los compuestos fenólicos del aceite de oliva virgen extra en la salud humana fue el estudio Eurolive. Financiado con fondos europeos, está coordinado por M.ª Isabel Covas, del Instituto Municipal de Investigaciones Médicas (IMIM) de Barcelona, y en él han participado investigadores de cinco países europeos. En el marco del estudio se realizaron ensayos en humanos para obtener evidencia científica sobre el impacto del aceite de oliva y sus compuestos fenólicos en el estrés oxidativo y su daño en diferentes poblaciones europeas, administrando 25 mL al día de aceites con distintas concentraciones de fenoles: baja (2,7 mg/kg), media (164 mg/kg) y alta (366 mg/kg). El principal resultado del estudio se publicó en 2006 en la revista *Annals of Internal Medicine* y concluyó que el consumo del aceite con un mayor contenido en fenoles se asoció con un aumento de los niveles de colesterol HDL y una reducción en los marcadores de estrés oxidativo y LDL oxidadas (Covas *et al.*, 2006). En este segundo congreso, además, se prestó especial atención al impacto del aceite de oliva sobre la obesidad y el síndrome metabólico como importantes factores contribuyentes al deterioro de la salud humana y al desarrollo de enfermedades metabólicas.

El término *síndrome metabólico* fue utilizado por primera vez en 1977 por Hermann Haller, quien estudiaba los factores de riesgo relacionados con la ateroesclerosis. Haller lo empleó para describir la asociación entre obesidad, diabetes *mellitus*, lípidos elevados, ácido úrico alto y enfermedad del hígado graso, señalando que la combinación de estos factores aumentaba el riesgo de desarrollar ateroesclerosis y la enfermedad cardiovascular. Un año después, Gerald Phillips introdujo la idea de que existía una combinación de factores de riesgo para el infarto de miocardio que no solo predisponían a las enfermedades cardiacas, sino que también estaban vinculados con la obesidad y otros estados clínicos. Phillips denominó a este grupo de factores una "constelación de anormalidades", que incluía intolerancia a la glucosa, hiperinsulinemia y niveles elevados de triglicéridos, glucosa, colesterol e insulina.

En 1988, en el discurso del Premio Banting de la Asociación Americana de Diabetes, el endocrinólogo Gerald Reaven propuso que la resistencia a la insulina era no solo un defecto clave en el desarrollo de la diabetes tipo 2, sino también un factor central en un grupo de anormalidades metabólicas (hiperinsulinemia, disglucemia, triglicéridos altos, colesterol HDL bajo e hipertensión) que aumentan el riesgo cardiovascular, incluso sin diabetes tipo 2 diagnosticada. A este conjunto de anomalías lo denominó síndrome X, pero como ya existía otro síndrome X en la literatura médica, el de Reaven se popularizó como síndrome de resistencia a la insulina o síndrome de Reaven.

Reaven no incluyó la obesidad en su definición del síndrome porque identificó individuos no obesos con resistencia a la insulina e individuos obesos que eran sensibles a la insulina. Sin embargo, unos años después se encontró, empleando estudios de imágenes por resonancia magnética, que las personas acumulan grasa en el abdomen de forma distinta: visceral y subcutánea. Numerosos estudios de imágenes demostraron que el exceso de grasa visceral (y no de grasa subcutánea) es un factor clave relacionado con las características de la resistencia a la insulina, lo que explicaba por qué Reaven no encontró una asociación sólida entre la grasa corporal total y su síndrome X: todo se reducía a la distribución de la grasa corporal.

En la actualidad, el síndrome metabólico se define como la presencia de obesidad abdominal (medida como circunferencia de la cintura), más dos o más de los siguientes parámetros: hipertensión, glucosa alta, triglicéridos altos y HDL-colesterol bajo. La importancia de detectar el síndrome metabólico en las personas que lo sufren es que multiplica por dos el riesgo de padecer una enfermedad cardiovascular y por 1,5 el de morir por cualquier causa.

Los datos presentados en el II Congreso de Aceite de Oliva y Salud mostraron que la dieta mediterránea enriquecida con aceite de oliva virgen no solo prevenía el aumento de peso, sino que también mejoraba la sensibilidad a la insulina. Además, se discutieron hallazgos que sugerían que el consumo habitual de este aceite podría prevenir la redistribución de grasa corporal hacia depósitos viscerales. Lamentablemente, no dio tiempo a que se publicaran los primeros resultados del estudio PREDIMED sobre síndrome metabólico, lo que ocurrió en diciembre de 2008 (Salas-Salvadó *et al.*, 2008). Este megaestudio concluyó que la tasa de síndrome metabólico disminuyó en los grupos de dieta mediterránea con aceite de oliva virgen extra y frutos secos y que era capaz de revertirlo en las personas que ya lo tenían cuando iniciaron el estudio.

Por supuesto, se aportó más evidencia sobre el papel del aceite de oliva y la protección frente al deterioro cognitivo y al cáncer, aunque aún se trataba de investigaciones muy incipientes. En definitiva, el congreso de 2008 representó un avance significativo respecto al de 2004 al ampliar el enfoque más allá de los beneficios cardiovasculares hacia un impacto más integral del aceite de oliva en la salud.

Desde 2018 en adelante

Hubo que esperar diez años para el siguiente congreso, pero desde entonces se han llevado a cabo otros dos, en 2021 y 2024. El de 2021 se hizo coincidir con el III Simposio Internacional de Yale sobre Aceite de Oliva y Salud, que se celebra anualmente. Por su parte, las conclusiones del último congreso no han sido publicadas aún. En estos congresos (2018 y 2021) se puso el foco en los procesos inflamatorios que se asocian con las enfermedades metabólicas y la capacidad de los componentes del aceite de oliva virgen para modular el sistema inmunológico.

El uso exclusivo de aceite de oliva virgen, consumido de manera moderada y continua, se asoció con una reducción en el índice de masa corporal (indicador de sobrepeso), la hipertensión y la mejora de la función endotelial, con efectos antioxidantes y antiinflamatorios. En cuanto al cáncer, parece evidente que hay un efecto protector, especialmente en el caso del cáncer de mama posmenopáusico y el cáncer colorrectal, aunque la evidencia es aún limitada.

Una novedad en estos congresos fue que, además de los temas asociados directamente con la salud, se incluyeron sesiones sobre sostenibilidad, cambio climático y economía circular, destacando la importancia de una producción de aceite de oliva respetuosa con el medioambiente. En particular, se reconocía que el uso adecuado de pesticidas es necesario para combatir plagas y mejorar la calidad de la producción, aunque un uso excesivo puede representar riesgos para la salud y el medioambiente. En cualquier caso, la presencia de residuos de pesticidas en el aceite de oliva es mínima y no supone un riesgo para la salud, pero es esencial adoptar prácticas sostenibles en la producción agrícola para minimizar la contaminación química. En este sentido, se proponía el uso de un manejo integrado de plagas en la Unión Europea para reducir el uso de pesticidas y fomentar la producción sostenible de aceite de oliva.

Un paraguas para abarcarlos a todos

Las investigaciones sobre aceite de oliva en relación con la salud no paran; más bien al contrario, pues el número de estudios que se publica crece de forma exponencial cada año que pasa. Desde 1801, cuando se publicó la primera referencia a los pseudoestudios de George Baldwin (capítulo 5), hasta hoy, están disponibles más de 15 000 referencias bibliográficas en la base de datos PubMed, la mitad de las cuales se corresponden con los últimos diez años. La plétora de estudios disponibles supone un desafío para los investigadores y los profesionales de la salud, pero también para gestores y responsables de la toma de decisiones. Hoy en día es virtualmente imposible estar al tanto de todo lo que se publica. En el último año se han publicado 800 artículos científicos en todo el mundo sobre aceite de oliva y salud, es decir, más de dos al día, todos los días. Y eso contabilizando nada más los de esta base de datos, en la que se incluyen solo revistas que han alcanzado un cierto nivel académico.

Afortunadamente, en julio de 2024 se publicó un resumen integral de la evidencia acumulada sobre consumo de aceite de oliva, factores de riesgo y enfermedades (Fraga, Zago y Curioni, 2025). Se trataba de una revisión paraguas. Este tipo de artículos recopilan, evalúan y sintetizan de forma sistemática los resultados de otras revisiones y metaanálisis. Es decir, son un compendio de compendios de conocimiento. Su objetivo es proporcionar una visión general de la evidencia existente, reuniendo los hallazgos de estudios previos de alto nivel, sin tener que realizar una revisión primaria de los estudios individuales para obtener una comprensión más amplia y consolidada sobre un tema. De esa forma, contribuyen a identificar patrones y conclusiones consistentes a partir de la literatura científica.

La revisión paraguas en cuestión fue elaborada por Shirley Fraga, Lilia Zago y Cintia Curioni, de la Universidad Estatal de Río de Janeiro, con el objetivo de investigar de manera exhaustiva el alcance y la solidez de la evidencia existente sobre los posibles efectos en la salud del consumo de aceite de oliva. Esta revisión global incluye una amplia variedad de estudios, tanto ensayos clínicos controlados aleatorios como estudios observacionales, al integrar 17 revisiones sistemáticas, y evalúa la calidad metodológica de los estudios analizados, identificando sesgos en la literatura, como la alta heterogeneidad de los resultados y la escasez de ensayos clínicos aleatorizados. Para ello se analizaron las asociaciones entre el consumo de aceite de oliva y enfermedades cardiovasculares, cáncer, diabetes tipo 2, metabolismo de la glucosa, marcadores inflamatorios y de estrés oxidativo.

La revisión paraguas reveló importantes hallazgos relacionados con enfermedades cardiovasculares, función vascular y lipoproteínas. En cuanto a las enfermedades cardiovasculares, se identificaron diez revisiones sistemáticas que analizaron la relación entre el consumo de aceite de oliva y el riesgo de estas enfermedades. Los resultados mostraron una disminución en el riesgo de enfermedades cardiovasculares, con riesgos relativos que variaban entre un 4 y un 17%. Además, se observó una reducción significativa en el riesgo de accidente cerebrovascular, con probabilidades relativas de entre 24 y 26% asociados al consumo de aceite de oliva. Los estudios analizados indicaron una reducción significativa en la presión arterial sistólica, con disminuciones de entre −2,87 y −2,99 mmHg cuando se consumía aceite de oliva virgen con un alto contenido en fenoles, en dosis que iban desde 20 hasta 75 mL/día. No obstante, la presión arterial diastólica no mostró una diferencia media estadísticamente significativa en los estudios revisados.

La revisión también analizó los efectos del consumo de aceite de oliva sobre el colesterol total y el asociado a LDL y HDL, así como las LDL oxidadas y los triglicéridos. Aunque algunos estudios indicaron efectos beneficiosos del aceite de oliva en los perfiles lipídicos, la evidencia fue menos concluyente. En resumen, los resultados sugieren que el consumo regular de aceite de oliva, especialmente el aceite de oliva virgen rico en fenoles, está asociado con efectos beneficiosos sobre la salud cardiovascular, la función vascular y algunos perfiles lipídicos. Sin embargo, la revisión subraya la necesidad de realizar más investigaciones para esclarecer estas asociaciones y comprender mejor los mecanismos implicados.

En cuanto a la diabetes tipo 2 y el metabolismo de glucosa, los autores encontraron una asociación sugerente entre el consumo de aceite de oliva y un menor riesgo de la enfermedad. Un consumo de aproximadamente 25 g/día se vinculó con una reducción del riesgo del 19%. Sin embargo, la evidencia sobre los efectos del aceite de oliva en el metabolismo de la glucosa fue menos concluyente en comparación con sus efectos sobre la salud cardiovascular debido a la variabilidad en los diseños de los estudios, las poblaciones y los tipos de aceite de oliva utilizados.

La evidencia acerca del efecto sobre el cáncer fue, en cambio, más sólida. Se encontró que el consumo de aceite de oliva se asocia con una reducción del riesgo de cáncer en general, pero sobre todo del de mama y el del tracto gastrointestinal. En particular, el consumo de aceite de oliva reduce significativamente el riesgo de cáncer de mama de entre un 6 y un 52%. Por otra parte, un aumento diario de 25 g de aceite de oliva se asoció con un 6% menos de riesgo de mortalidad relacionada con el cáncer. Se destacaron mecanismos protectores como la reducción del estrés oxidativo y la inflamación, pero también que la calidad de los estudios era muy variable, lo que podría introducir sesgos.

Muchos de los efectos observados se relacionaron con la inflamación y el estrés oxidativo. En ese sentido, la revisión paraguas mostró que el consumo de aceite de oliva promueve la reducción de la proteína C-reactiva, uno de los marcadores de inflamación sistémica más habituales. En cambio, para otros marcadores, como las citoquinas, la evidencia no es tan consistente. Por otra parte, el consumo de aceite de oliva se vinculó con reducciones en marcadores de estrés oxidativo, incluyendo oxidación de lípidos y ADN.

Como puede verse, se echan de menos resultados sobre otras enfermedades de las que ya hemos hablado, como obesidad, síndrome metabólico, enfermedades neurodegenerativas o artritis reumatoide, por ejemplo. En el caso de la obesidad, hasta julio de 2024 no se había publicado el primer metaanálisis de ensayos clínicos aleatorizados y controlados enfocado sobre aceite de oliva (Abdollahi *et al.*, 2024). El resultado fue que el consumo de este, al contrario que los aceites de palma, soja y girasol, no se asocia significativamente con el aumento de peso. Es más, estudios previos, como el realizado en una cohorte española del Proyecto SUN de la Universidad de Navarra, muestran que incluir aceite de oliva en un patrón dietético mediterráneo no incrementa el riesgo de obesidad, lo que refuerza su papel como un componente clave de una dieta saludable. Aun así, la evidencia en torno al impacto del aceite de oliva sobre el peso corporal sigue siendo moderada, en parte debido a que no se consideran las diferencias entre tipos de aceites de oliva. Por el momento, la evidencia sobre el resto de enfermedades no es lo suficientemente sólida, aunque todos los datos apuntan a que el aceite de oliva, sobre todo el virgen, tiene un papel protector.

En este sentido, en un estudio realizado en la Universidad de Auburn (Estados Unidos) administraron aceite de oliva virgen extra o de oliva refinado a 25 pacientes de alzhéimer con deterioro cognitivo leve (Kaddoumi *et al.*, 2004). Como ya hemos mencionado, la diferencia fundamental entre estos dos aceites es la presencia de los componentes menores que se pierden en la refinación, mientras que se mantiene una composición similar en ácidos grasos. Tras seis meses de consumo del virgen extra, se observó una mejora en la puntuación en la escala de valoración clínica de la demencia, se redujo la permeabilidad de la barrera hematoencefálica y mejoró la conectividad funcional. Además, ambos aceites redujeron significativamente las proporciones en sangre de dos de los marcadores más habituales de alzhéimer: las proteínas amiloide beta y tau.

El aceite de orujo de oliva se queda fuera

La inmensa mayoría de los estudios mencionados no tienen en cuenta el aceite de orujo de oliva debido a que ha recibido muchísimo menos interés que los otros tipos de aceite; de hecho, solamente existen hasta la fecha 370 referencias que traten este tipo de aceite en PubMed. Los artículos más antiguos están relacionados con los métodos de análisis de componentes del aceite de orujo, gran parte de ellos llevados a cabo por investigadores del Instituto de la Grasa-CSIC. Los siete primeros artículos directamente relacionados con la salud fueron publicados por mi grupo de investigación Compuestos bioactivos, nutrición y salud entre 2004 y 2007.

Los estudios, llevados a cabo en colaboración con la Universidad de Sevilla (España) y la Universidad Nacional de La Plata (Argentina), destacaron los potenciales beneficios para la salud del aceite de orujo de oliva, principalmente debido a su riqueza en compuestos triterpénicos como el ácido oleanólico, el ácido maslínico y el eritrodiol (Rodríguez-Rodríguez *et al.*, 2004). Se observó que estos compuestos favorecían la relajación de la pared de la aorta de ratas hipertensas, lo que se asocia con mejoras en la presión arterial. También se demostró que los triterpenos del aceite de orujo de oliva modulaban la secreción de citoquinas en células del sistema inmunitario, mostrando propiedades antiinflamatorias (Márquez-Martín *et al.*, 2006). En otro estudio demostramos que el consumo de aceite de orujo protegía las membranas de las células hepáticas de rata de la oxidación lipídica, lo que se atribuyó al alfa-tocoferol, el eritrodiol y el ácido oleanólico (Perona *et al.*, 2005).

Más recientemente, se ha publicado un ensayo clínico, controlado y aleatorizado, realizado en el Instituto de Ciencia y Tecnología de Alimentos y Nutrición del CSIC (González-Rámila *et al.*, 2023). En el estudio participaron 72 voluntarios, 37 de los cuales mostraban niveles normales de colesterol y 35 de colesterol elevado. A cada participante se le asignó el consumo de uno de dos tipos de aceites: de orujo de oliva o de girasol alto oleico, que consumieron durante cuatro semanas. Después de un periodo de lavado, cambiaron al otro aceite durante otras cuatro semanas. Los efectos del aceite de orujo de oliva fueron significativamente más beneficiosos en comparación con el de girasol alto oleico en cuanto a la mejora del perfil lipídico. En concreto, el consumo del de orujo resultó en una reducción significativa del colesterol LDL y de las concentraciones séricas de apolipoproteína B, una proteína característica de LDL y VLDL, tanto en los participantes sanos como en los hipercolesterolémicos. Aunque ninguno de los dos aceites afectó de manera significativa la presión arterial, la función endotelial o los biomarcadores de inflamación, el de orujo mostró una tendencia a reducir los niveles de E-selectina, que juega un papel importante en la inflamación, lo que indica una posible ventaja en la salud endotelial.

En los últimos años, el grupo de Compuestos bioactivos, nutrición y salud del instituto de la Grasa se está centrando en los efectos del consumo de aceite de orujo en la prevención y ralentización de la enfermedad de Alzheimer. En 2019 demostré que el ácido oleanólico atenúa la activación de células microgliales BV2, inducida por LPS. Las microglías son un tipo de células que forman parte del sistema inmunitario del cerebro y responden a estímulos adversos para mantener el equilibrio cerebral, liberando mediadores inflamatorios cuando se activan (Castellano *et al.*, 2019). En la enfermedad de Alzheimer, la sobreactivación crónica de las microglías está relacionada con la neuroinflamación. Por eso, el tratamiento previo con ácido oleanólico, que inhibe la liberación de citoquinas pro inflamatorias, sugiere que este compuesto podría ser un agente neuroprotector prometedor para inhibir el estrés oxidativo y la inflamación en la enfermedad de Alzheimer. Posteriormente, observé el mismo efecto cuando el ácido oleanólico era transportado en forma de lipoproteínas artificiales o humanas. De este modo, pensé que podía emplear estas partículas transportadoras de lípidos a modo de caballo de Troya para hacer llegar al cerebro el ácido oleanólico y otros componentes bioactivos del aceite de orujo de oliva. En la actualidad, estoy realizando un ensayo clínico en pacientes de alzhéimer, a los que administro aceite de orujo de oliva o aceite de girasol alto oleico, aunque aún no hay resultados.

CAPÍTULO 7

Últimas investigaciones sobre el aceite de oliva

Prácticamente todo lo que sé sobre aceite de oliva lo he aprendido en el Instituto de la Grasa. No en vano llevo casi 30 años, con algunas interrupciones, trabajando en ese centro de investigación. Pero no solo yo, sino que gran parte del conocimiento científico que tenemos hoy en día sobre este aceite fue generado ahí.

La historia del Instituto Especial de la Grasa y sus Derivados comenzó en 1946, cuando el Patronato Juan de la Cierva, perteneciente al CSIC, creó una comisión para planificar investigaciones que resolvieran retos en el sector industrial de las materias grasas, como la mejora en su obtención y el desarrollo de nuevas aplicaciones. Entre esos retos, en la sección de química se incluyó el "estudio de la preparación y conservación de la aceituna de verdeo" y el "estudio químico de los aceites de oliva enranciados. Causas determinantes del enranciamiento y medios prácticos para evitarlo". Inicialmente, los trabajos se distribuyeron en laboratorios de Madrid, Barcelona y Jaén, pero en un giro estratégico se decidió que la sede central del instituto estaría en Sevilla, dada su cercanía con las principales industrias del sector. En 1953 se inauguró su primer edificio, marcando el inicio de una etapa de crecimiento y conexión directa con la industria.

Durante las décadas siguientes, el instituto amplió sus instalaciones para responder a la demanda de investigaciones punteras. En 1969, nuevas plantas experimentales en Dos Hermanas permitieron desarrollar tecnologías de extracción y refinación de aceites, mientras que en 1978 se sumaron laboratorios dedicados a biotecnología y aceitunas de mesa. Para 1986, el instituto se había consolidado como un referente en investigación aplicada a grasas y aceites.

Precisamente, es en los años ochenta en los que el Instituto de la Grasa tiene una de sus actuaciones más destacadas. En 1981, España enfrentó una de sus crisis de salud pública más graves: el síndrome tóxico, una enfermedad masiva vinculada al consumo de aceite adulterado que afectó a más de 20 000 personas y produjo la muerte de 330. El Instituto de la Grasa desempeñó un papel crucial en la investigación de este episodio, ofreciendo sus recursos y experiencia al Ministerio de Sanidad y otras entidades para esclarecer el caso.

El problema comenzó con la aparición de aceites comestibles ilegales que contenían ingredientes destinados a uso industrial. Mediante análisis químicos, el Instituto de la Grasa detectó la presencia de compuestos anómalos en muestras de aceites de colza, como las anilidas de ácidos grasos y el azobenceno, que nunca deberían estar en aceites de uso alimentario. Aunque se identificaron las anilidas como marcadores útiles de los aceites tóxicos, no se pudo confirmar de forma concluyente su papel como la causa directa del síndrome. Sin embargo, los avances obtenidos ayudaron a delimitar el problema y subrayaron la importancia de controles más estrictos en la industria alimentaria. Así pues, el papel del instituto trascendió lo académico, puesto que sus investigaciones contribuyeron al diseño de estrategias para prevenir futuros fraudes alimentarios.

A partir de este caso, investigadores del instituto observaron que la desnaturalización del aceite de colza mediante anilina derivaba en productos peligrosos al combinarse con ácidos grasos. Este conocimiento fue clave para establecer nuevas normativas en la manipulación de aceites. En 1983, un grupo de trabajo de la Organización Mundial de la Salud corroboró la relación entre el síndrome tóxico y el aceite adulterado, subrayando la relevancia de los estudios del instituto.

En la actualidad, las dinámicas de la ciencia moderna, los intereses propios de los grupos de investigación y las nuevas demandas y necesidades de consumidores y productores han impulsado tanto la ampliación de sus objetivos científicos originales como la incorporación de nuevas líneas de investigación que complementan las ya existentes. Hoy en día, la misión actual del Instituto de la Grasa es desarrollar una investigación dirigida a caracterizar y obtener alimentos de calidad, saludables y seguros, así como implantar nuevas tecnologías respetuosas con el medioambiente dentro del sector agroalimentario.

De todos modos, muchos investigadores del Instituto de la Grasa aún siguen investigando sobre aceite de oliva desde muchos puntos de vista. En las siguientes líneas abordaré algunas de las principales.

Buscando la forma de medir el aroma de forma objetiva

Por su método de producción, el aceite de oliva virgen conserva un perfil sensorial estrechamente ligado con la calidad de la materia prima. Como hemos visto en capítulos anteriores, por este motivo, en el aceite se da un interesante binomio salud-calidad sensorial, que es responsable de parte de su éxito, no solo en el ámbito gastronómico, sino también en el científico por las preguntas que genera. Además de los factores agronómicos y tecnológicos, cualquier daño a las aceitunas puede desencadenar actividades enzimáticas y microbianas, que generan moléculas volátiles y que alteran la composición del aceite, especialmente en términos de atributos sensoriales. Por otra parte, el aroma del aceite de oliva evoluciona a lo largo del tiempo debido a procesos de degradación oxidativa, lo que implica que el aroma no es un atributo fijo, sino que está sujeto a cambios que conviene conocer e interpretar desde un punto de vista químico.

Entre los productos alimenticios, el aceite de oliva virgen destaca porque sus categorías de calidad están definidas mediante estándares internacionales que incluyen una evaluación sensorial, siendo la metodología de evaluación organoléptica del Consejo Oleícola Internacional, también llamada panel de cata, un elemento fundamental desde su adopción en la década de 1990, con fines legales, en Europa (COI, 2018). Este test se centra en identificar el defecto más prominente en el aceite, si es que existiera alguno, y cuantificar atributos positivos, como el frutado. El reglamento europeo 1348/2013[11] establece normas específicas para las catas de aceite de oliva virgen realizadas por paneles sensoriales, con una limitación de 12 muestras por día, lo que plantea desafíos para la industria y los paneles de cata. Por otra parte, la labor de los paneles de cata no deja de ser subjetiva, aunque existan detrás potentes herramientas estadísticas.

Es importante recordar que el estudio de las percepciones sensoriales se complica al tener en cuenta las variaciones individuales a las respuestas olfativas, derivadas en gran parte de variaciones genéticas o culturales. Por eso, se hacen grandes esfuerzos por estandarizar la calidad sensorial del aceite de oliva virgen, lo que abre nuevas vías de estudio, como qué compuestos químicos son los responsables de cada una de las percepciones sensoriales y su origen químico o bioquímico. Para resolver estas preguntas, gran parte de la investigación se ha centrado en desarrollar y perfeccionar los métodos instrumentales de análisis, que complementan la labor de los paneles sensoriales, especialmente cuando existen discrepancias para diferenciar aceites en zonas límite entre categorías (como virgen extra y virgen).

---

11. Reglamento (UE) n.º 1348/2013 de la Comisión, de 16 de diciembre de 2013, que modifica el Reglamento (CEE) n.º 2568/91 sobre las características de los aceites de oliva y de los aceites de orujo de oliva y sus métodos de análisis.

Una de estas iniciativas incluye la investigación y el desarrollo de un método estandarizado y validado de determinación de compuestos volátiles. Esta propuesta forma parte del proyecto OLEUM, dentro del programa europeo Horizonte 2020, en el que participa el grupo de Trazabilidad y calidad de alimentos del Instituto de la Grasa. La aplicación de un método como este en combinación con el panel sensorial reduciría las discrepancias, incrementaría la eficiencia del proceso, reduciría costes y permitiría una detección más rápida de aceites con problemas de calidad.

Una propuesta tan ambiciosa supone un desafío muy importante, que requiere un enfoque internacional y de colaboración. Por el momento, dentro del proyecto OLEUM, la investigación se ha centrado en el desarrollo del método, la identificación y minimización de fuentes de error y el estudio de muestras analizadas por al menos seis paneles sensoriales. Tras su validación internacional, la metodología está lista para ser adoptada dentro del marco regulatorio actual, fortaleciendo así los mecanismos de control en la industria.

Uno de los primeros resultados del proyecto fue el análisis de la huella volátil del aceite de oliva virgen (Quintanilla-Casas *et al.*, 2019). Esta es la composición en los componentes volátiles que caracterizan un aceite de oliva virgen, es decir, los compuestos que participan en su aroma. Los resultados fueron muy precisos, ya que el nuevo sistema fue capaz de conseguir un 97% de aciertos en comparación con los paneles de cata. Además, al facilitar los resultados en las muestras límite, es decir, las que se encuentran en la frontera entre virgen extra y virgen y entre virgen y lampante, se logró reducir en un 80% la carga de trabajo de los paneles sensoriales.

Los resultados obtenidos hasta la fecha han demostrado que los métodos basados en la determinación de compuestos volátiles permiten el desarrollo de herramientas confiables para identificar fraudes y evaluar la calidad del aceite de oliva, lo que supone un apoyo complementario a los paneles sensoriales. El trabajo realizado por OLEUM tiene el potencial de transformar la industria del aceite de oliva al proporcionar herramientas y metodologías innovadoras para garantizar la calidad y autenticidad del producto. Este apoyo puede tener diversas variantes, y así, además de trabajar en paralelo al panel de cata, también permite entender e interpretar perfiles sensoriales altamente complejos.

El CSI del aceite de oliva

Aunque es algo antigua, la serie de televisión *CSI* trata de científicos forenses que indagan en las circunstancias de misteriosos asesinatos cometidos por criminales en distintas ciudades de Estados Unidos. Su éxito fue tal que generó lo que vino a llamarse en los juzgados el efecto CSI, que consiste en que los jurados tienden a pensar que la labor de los forenses se parece más a lo que se puede ver en la serie que a la realidad, lo que puede dar lugar a expectativas poco razonables del trabajo de estos profesionales.

Parte del trabajo que se muestra en la serie se realiza en los laboratorios empleando equipos muy parecidos a los que se usan en el análisis de aceites de oliva, con muchas licencias que se permiten los programas de televisión.

Sea como fuere, la serie tiene visos de realidad y muchos de los equipos se emplean en la detección de fraudes del aceite de oliva. El aceite de oliva virgen extra es el más caro de los aceites comestibles de consumo habitual. Es cierto que algunos aceites, como los de lino, sésamo o argán, pueden llegar a ser más caros, pero en el precio influye mucho que su consumo es muy minoritario. Por este motivo, el aceite de oliva virgen extra es uno de los más susceptibles para el fraude. El Parlamento Europeo, en una reunión plenaria dedicada a la crisis alimentaria, llegó a sentenciar que el aceite de oliva ocupaba el primer puesto dentro de la clasificación de los diez alimentos con mayor riesgo de sufrir situaciones de fraude[12]. Y es que sustituir una pequeña proporción de aceite de oliva virgen extra por un aceite vegetal más barato puede ser indetectable para la mayor parte de la población, pero puede suponer una enorme ganancia para el defraudador. Aunque no es habitual, de vez en cuando llegan al Servicio de Análisis al Exterior del Instituto de la Grasa muestras de aceite, proporcionadas por la Guardia Civil, para que se analicen en busca de posibles fraudes. Ahí es donde el trabajo de los científicos se asemeja al de los forenses de *CSI*.

Para ello, es necesario poner a punto métodos que permitan identificar pequeñas cantidades de otros aceites en el aceite de oliva, a lo que se dedica el grupo de Calidad, pureza y tecnología de aceite de oliva del instituto. Este grupo participa también en el proyecto OLEUM con el objetivo de detectar y combatir los fraudes y verificar la calidad de los aceites de oliva. Por ejemplo, para la detección de aceites refinados en el aceite de oliva virgen se buscan estigmastadienos, unos compuestos químicos que se forman por acción de la temperatura en la refinación. En el proyecto OLEUM trabajan en la detección de aceites refinados producidos mediante desodorización suave, que no forma estigmastadienos. Para ello utilizan la relación entre diglicéridos y ácidos grasos libres, que es distinta en los aceites no alterados ni mezclados.

Otro abordaje que se está empleando en los últimos años para la detección de fraudes es el genómico. Las nuevas tecnologías de análisis del ADN, que permiten conocer el parentesco de dos personas, pueden emplearse también para averiguar si un aceite de oliva virgen extra ha sido mezclado con otro aceite vegetal, aun en pequeñas proporciones. Los aceites proceden de plantas y animales y, puesto que el ADN es característico de cada especie, empleando los marcadores adecuados, es posible saber si hay presencia de una especie distinta del olivo en un aceite

---

12. Propuesta de resolución del Parlamento Europeo sobre la crisis alimentaria, los fraudes en la cadena alimentaria y el control al respecto (A7-0434/2013).

de oliva. En este tipo de investigaciones, también dentro del proyecto OLEUM, participa el grupo de Genómica, biología molecular y bioquímica de lípidos de plantas del Instituto de la Grasa.

Aprovechamiento de la aceituna

Desde la implantación del sistema de dos fases, que genera alperujo y evita la formación de alpechín, no existen residuos como tales en la industria del aceite de oliva. Como veíamos en el capítulo 3, a partir del alperujo se obtiene el aceite de orujo de oliva. Como resultado de ese proceso queda una pasta seca y desgrasada, denominada orujillo, que se emplea como combustible. La primera vez que pisé una planta de producción de aceite de orujo fue hace unos 20 años, se trataba de Oleícola El Tejar. Ya entonces me maravillé con el uso que se daba a lo que yo pensaba que era un residuo de la producción del aceite de oliva; en particular cuando descubrí que a partir de la biomasa de la producción de aceite de orujo se obtenían *pellets* para calefacción. En esa época, en España era raro encontrar ese tipo de estufas y la mayor parte de los *pellets* se enviaban al extranjero, sobre todo a Suecia. Dicho de otra forma, los suecos se calentaban en invierno con los huesos de las aceitunas andaluzas. De esa biomasa se obtienen también biogás y otros combustibles, e incluso las cenizas se emplean para enriquecer fertilizantes. Es probablemente el mejor ejemplo de economía circular de la industria alimentaria española; por eso, los profesionales de la industria del olivar piden que el término *residuo* quede desterrado y que se emplee *subproducto* para todos aquellos productos resultantes de la elaboración del aceite de oliva virgen a los que se da una nueva vida.

En ese sentido, el alperujo puede ser fuente no solo de aceite de orujo, sino de numerosos y abundantes compuestos bioactivos, puesto que en este subproducto quedan, además de pulpa de aceituna, restos de huesos, piel y hojas.

Los grupos de Fitoquímicos, bioactividad y desarrollo de procesos y Bioprocesos aplicados a la Economía Circular del Instituto de la Grasa trabajan precisamente en esta área, tratando y aportando valor al alperujo. Mediante la aplicación de tratamientos térmicos consiguen la separación y recuperación de compuestos de interés, como fenoles, lignanos, azúcares, triterpenos, etc. Además, el alperujo puede someterse a digestión anaeróbica o compostaje para generar biogás y estabilizar la materia orgánica, contribuyendo a sistemas de biorrefinería sostenibles. Este enfoque busca transformar el alperujo de residuo a recurso valioso, con aplicaciones potenciales en las industrias alimentaria, cosmética y farmacéutica.

Desde el punto de vista de la salud, probablemente la obtención de fenoles es la parte más interesante. Su extracción del alperujo se realiza ya industrialmente mediante tratamientos térmicos, como la malaxación (de 55 a 65 °C) y el uso de vapor (de 150 a 170 °C), que facilitan la solubilización de azúcares y fenoles y la obtención de extractos por métodos químicos sencillos y sin el uso de disolventes (Fermoso *et al.*, 2018). Mediante otros medios, empleando disolventes orgánicos, se pueden obtener extractos ricos en fenoles como el ya mencionado hidroxitirosol y en ácidos triterpénicos.

Mejorando la refinación de aceites

El proceso de refinación del aceite de oliva elimina compuestos menores de interés nutricional. Aunque los esteroles, tocoferoles y escualeno sufren pérdidas durante la refinación, los compuestos bioactivos más perjudicados son los fenoles, ya que desaparecen casi por completo. Por eso, numerosos investigadores llevan años trabajando en alternativas a las diferentes etapas del proceso de refinación para mantener el máximo posible de los compuestos bioactivos en los aceites refinados, incluyendo los de oliva y orujo de oliva. Por otra parte, se intenta reducir la utilización de productos químicos que puedan ser perjudiciales para el medioambiente.

Tecnologías verdes como la extracción con fluidos supercríticos, la tecnología de membranas y la destilación molecular presentan potencial y han dado resultados positivos a nivel de laboratorio, pero enfrentan retos significativos para su implementación a escala industrial. Por ejemplo, métodos como la desacidificación con membranas conseguían una completa neutralización sin emplear sosa, pero eliminaban compuestos deseables como los fenoles, lo que exige importantes mejoras para preservar la calidad sensorial y nutricional. Por otra parte, aunque la destilación molecular promete separar compuestos sensibles al calor, sus altos costos y posibles alteraciones en el aceite limitan su uso. En general, la búsqueda de procesos más sostenibles y nutritivos sigue siendo un desafío en la industria.

Una de las alternativas que más avances ha conseguido es la refinación física, que disminuye la eliminación de compuestos bioactivos, en particular los triterpenos, que son de interés sobre todo en el aceite de orujo de oliva. La refinación física reduce el número de etapas de la refinación a solo tres, lo que simplifica la operación, mejora la eficiencia y minimiza el impacto ambiental. Una de las etapas eliminadas es el desgomado, lo que evita el uso de ácido fosfórico. Además, la neutralización de los ácidos grasos libres se realiza mediante destilaciones controladas al vacío y a alta temperatura, de forma que no es necesario emplear sosa.

En ese sentido, desde el grupo de Modificaciones de los lípidos de los alimentos se obtuvo una patente (Ruiz Méndez, Dobarganes y Sánchez, 2009) para la refinación física del aceite de orujo, a fin de conservar estos compuestos. Según esta, el proceso comienza con la filtración del aceite de orujo crudo, obtenido por centrifugación o decantación, usando filtros de tamaño decreciente a temperaturas entre los 35 y los 45 °C. Esta etapa separa sólidos ricos en ácidos triterpénicos insolubles, que luego se procesan para obtener extractos concentrados. Posteriormente, el aceite filtrado pasa por una etapa de decoloración, similar a la de la refinación tradicional, para eliminar pigmentos y compuestos oxidativos. El tratamiento se realiza al vacío a temperaturas entre 80 y 120 °C, seguido de filtración para retirar las tierras decolorantes. A continuación, se llevan a cabo destilaciones controladas en varias etapas para eliminar ácidos grasos libres en el proceso de neutralización. Los subproductos del proceso incluyen un concentrado de ácidos triterpénicos y un concentrado rico en esteroles, obtenidos mediante destilación molecular. Este enfoque maximiza el aprovechamiento de los subproductos, impulsando su valor nutricional.

Cómo evitar que un aceite se enrancie

¿Quién no ha abierto una botella de aceite y ha puesto cara de disgusto al percibir un desagradable olor a rancio? Este olor se origina por la oxidación de los ácidos grasos del aceite, sobre todo si contiene grandes cantidades de insaturados, lo que es común en los aceites vegetales, excepto en los de palma y coco. También ocurre en otros alimentos ricos en este tipo de ácidos grasos, como los frutos secos. Sea como fuere, la rancidez aumenta con el tiempo y la temperatura de almacenamiento, y en el caso de los aceites ricos en ácidos grasos poliinsaturados es un proceso que ocurre bastante rápido a temperatura ambiente; por eso es bueno guardar el aceite de girasol en la nevera, a esa temperatura dura meses sin problema. El aceite de oliva no es rico en poliinsaturados pero sí en ácido oleico, que es monoinsaturado. Aunque es más estable, también puede oxidarse con relativa facilidad.

Por otra parte, la presencia de antioxidantes protege al aceite de la oxidación. Por eso, el aceite de oliva virgen, con una alta proporción de ácidos grasos monoinsaturados en relación con los poliinsaturados y su contenido en compuestos menores con potente actividad antioxidante, especialmente los fenoles, es más resistente que otros aceites vegetales a la oxidación y a enranciarse. Sin embargo, como hemos visto, los aceites refinados pierden estos compuestos, lo que los deja desarmados ante los radicales libres que se forman en el proceso oxidativo. El aceite de oliva y el orujo de oliva, que son mezclas de refinado y virgen, se emplean habitualmente en fritura, un proceso térmico muy agresivo que acelera mucho la oxidación. Aunque estos aceites son más resistentes a la oxidación que los de girasol, soja, maíz, etc., por su reducido contenido en poliinsaturados, sufren también procesos oxidativos, sobre todo en la freidora.

En el grupo de Modificaciones de los lípidos de los alimentos del Instituto de la Grasa han estudiado el comportamiento del aceite de oliva a temperaturas de fritura. Tras su trabajo de investigación, encontraron que depende de factores como el tipo de calentamiento, la proporción superficie-volumen del alimento a freír, la temperatura y la adición de aceite fresco en el caso de la fritura en continuo, es decir, sin cambiar todo el aceite entre una y otra fritura (Velasco y Dobarganes, 2002). Los niveles de degradación del aceite pueden variar desde valores cercanos al aceite fresco hasta aquellos que lo hacen inadecuado para el consumo humano. A pesar de ello, el aceite de oliva destaca como la grasa líquida más estable. Asimismo, estudiaron cómo la composición del aceite de oliva y los procesos tecnológicos a los que está sometido afectan al riesgo de que se oxide. Como resultado de sus investigaciones, concluyeron que la mejor forma de proteger al aceite de oliva de la oxidación, sobre todo durante la fritura, es:

1. Maximizar las concentraciones de compuestos con actividad antioxidante, lo que se consigue con una reposición frecuente de aceite fresco. En particular, altos contenidos de compuestos fenólicos serían una garantía de alta estabilidad.
2. Minimizar las concentraciones de compuestos que ejercen una acción prooxidante. En este sentido, una baja acidez contribuiría a una alta resistencia a la oxidación.

3. Evitar que el aceite permanezca a elevadas temperaturas en ausencia de alimentos, ya que el alimento protege al aceite de la entrada de oxígeno.
4. Retirar del aceite las partículas que desprenden los alimentos, ya que actúan como catalizadores de oxidación.
5. Evitar las condiciones externas que promuevan el deterioro oxidativo durante el almacenamiento del aceite. En este contexto, la presencia de luz y altas concentraciones de oxígeno serían los factores más perjudiciales.

Más recientemente, estos investigadores estudiaron el rendimiento en fritura del aceite de orujo de oliva en comparación con los aceites de girasol y de girasol alto oleico. La alteración del aceite durante la fritura se determinó mediante la medición de la formación de compuestos polares y polímeros, dos de los indicadores más habituales, que son los que recoge la legislación. Como resultado, el aceite de girasol alcanzó el máximo de compuestos polares permitido por la legislación (25%) en la novena fritura, mientras que el aceite de girasol alto oleico y el aceite de orujo llegaron a 17 y 18 frituras. Cuando se midió la formación de polímeros, el aceite de girasol llegó al 16% en 9 frituras y el aceite de girasol alto oleico en 18 frituras, mientras que el aceite de orujo solo alcanzó el 11% tras 20 frituras. Este buen rendimiento del aceite de orujo se atribuyó a la alta proporción de ácidos grasos monoinsaturados frente a la de poliinsaturados, en común con el aceite de girasol alto oleico, pero también al efecto positivo adicional de los compuestos menores, especialmente el beta-sitosterol y el escualeno. En cualquier caso, hay que dejar claro que este estudio se realizó en condiciones ideales de laboratorio, cuidando mucho la temperatura máxima a la que llegaba el aceite y el tiempo de fritura. Con toda seguridad, en nuestros domicilios no podremos alcanzar números de frituras tan elevados. De todos modos, también para la fritura doméstica, el aceite de orujo sería el más estable.

Epílogo

El aceite de oliva hunde sus raíces en lo más profundo de la cultura mediterránea. Junto con el trigo y el vino, los tres constituyen la tríada que sustentó las más importantes civilizaciones que surgieron en la cuenca del mar Mediterráneo. Por eso, los tres cultivos tienen una tremenda importancia en la simbología y mitología de todas esas culturas, hasta el punto de que está inmortalizada por la Biblia. Según el libro de Joel, Jehová habló al pueblo judío de la siguiente forma: "He aquí que yo os envío pan, mosto y aceite, y seréis saciados de ellos; y nunca más os pondré en oprobio entre las naciones". También es símbolo de paz y conexión intercultural, como vimos en el capítulo 1 con la historia de santa Olivia, mártir compartida por creyentes cristianos y musulmanes.

En la actualidad, el aceite de oliva aún conserva su importancia cultural e histórica, pero también económica. Aunque su consumo global representa solo un pequeño porcentaje del total de aceites comestibles, su producción y exportación siguen siendo cruciales para las economías mediterráneas, en particular para la andaluza, la región del mundo donde hay una mayor producción de este alimento. Pero si algo ha ensalzado el aceite de oliva por encima de otros aceites comestibles ha sido su papel en la salud humana. Si bien hay evidencias del uso medicinal de este aceite a lo largo de toda la historia, no ha sido hasta la segunda mitad del siglo pasado que se puso en valor su beneficio para la salud empleando, por vez primera, la evidencia científica.

El Estudio de los Siete Países, con sus virtudes y sus defectos, fue el disparador de una miríada de investigaciones alrededor del consumo del aceite de oliva y del papel de sus componentes químicos. En un primer momento, la presencia en ácido oleico se consideró clave, pero poco tiempo después se descubrió que, además, este zumo de la aceituna contenía una altísima variedad de sustancias con capacidad de actuar sobre el organismo humano, protegiéndolo de las enfermedades.

Así, el aceite de oliva ya no solo es valorado a día de hoy por su excelencia en la cocina y por sus aromas inconfundibles, sino también porque es fuente de sustancias que previenen o ralentizan el desarrollo de algunas de las patologías que amenazan la salud de la humanidad, como las cardiovasculares. Las numerosas investigaciones que científicos de todo el mundo vienen desarrollando en las últimas décadas están ampliando el espectro de acción de este alimento, hasta el punto de que se propone que su actividad no se limita a las enfermedades del corazón, sino que pueden extenderse a otras igualmente alarmantes como el cáncer, la diabetes o las enfermedades neurodegenerativas, entre otras. Si esto es así, se debe a que los descubrimientos científicos han identificado componentes en el aceite de oliva virgen con actividad antioxidante y antiinflamatoria, procesos comunes a todas estas enfermedades.

Como consecuencia de estas investigaciones y, sobre todo, de su divulgación a la sociedad, el consumidor medio ha pasado de considerar el aceite de oliva como un alimento más de la dieta a un pilar de una alimentación saludable. En algunos casos, atribuyéndole propiedades casi mágicas. En cualquier caso, no es menos cierto que se ha convertido en el paradigma de la dieta mediterránea, no en vano es el único alimento que debe estar de forma indispensable en dicha dieta. Así, forma parte de multitud de guías y recomendaciones alimentarias y es uno de los alimentos clave en las políticas de educación nutricional no solo en los países que bordean el Mediterráneo, sino en muchos otros.

Las innovaciones científicas han permitido también integrar la industria del aceite de oliva en el marco de las políticas de sostenibilidad medioambiental tan necesarias hoy, que vivimos en una emergencia climática. La modificación de los procesos de extracción y refinación del aceite de oliva, que incluye la producción del aceite de orujo de oliva como producto adicional, permite considerar esta industria como uno de los mejores ejemplos de economía circular y de residuos cero.

Pese a ello, el aceite de oliva se enfrenta todavía a importantes desafíos en el futuro. De un lado, aún no se han descrito todos los componentes bioactivos que se pueden encontrar en los aceites del olivar ni se conocen en profundidad los procesos metabólicos asociados con los beneficios. Quedan compuestos por investigar y de otros, como los triterpenos (ácidos oleanólico y maslínico, eritrodiol, etc.), sabemos muy poco todavía. Además, con el aumento de la esperanza de vida, la población se ve sometida a enfermedades que en otro tiempo eran menos frecuentes. Del otro lado, el aceite de oliva, sobre todo el virgen extra, es uno de los más caros, por lo que sufre el riesgo del fraude. Las investigaciones que se realizan en el Instituto de la Grasa contribuirán en el futuro a resolver estos problemas, pero se necesita más empeño y más financiación por parte de las administraciones públicas y entes privados.

El aceite de oliva, más que un alimento, es un legado que conecta historia, cultura y salud y que se mantiene incólume desde hace milenios. Desde las hojas que coronaron a los héroes olímpicos hasta las mesas donde compartimos tradiciones, este alimento simboliza la esencia del Mediterráneo. Para mí, el aceite de oliva seguirá siendo una pasión, incluso después de que termine mi carrera científica. No solo porque forma parte de la cultura en la que he crecido, sino porque el mundo de este oro líquido es casi inabarcable y nunca se termina de aprender: cultura, historia, gastronomía, salud, economía... Cada gota de aceite es un universo de sensaciones y cuenta una nueva historia. El aceite de oliva es un viaje interminable hacia el conocimiento, la belleza y el equilibrio entre el ser humano y la naturaleza.

Agradecimientos

Divulgar conocimiento científico es una de las actividades más apasionantes que puede realizar un investigador. La gente, el público que te ve, te escucha o te lee, es extremadamente agradecida. Muchas veces el agradecimiento es verbal al terminar una conferencia; otras, se reconoce en la mirada de las personas. Por el simple hecho de encontrar en otros miradas de interés, de asombro o de comprensión, ya merece la pena el esfuerzo.

Se podría pensar que ese reconocimiento no es tan patente cuando el formato de divulgación es escrito, pero no es así. Una de las cosas que aprendí tras la publicación de mi anterior libro es que lo leen muchas más personas de las que uno cree y que, si tienen la oportunidad, lo agradecen. Cierto es que no siempre son elogios, a veces hay críticas, pero suelen ser bienintencionadas. Por eso, mi primer agradecimiento es para las personas que han leído este libro, por su interés por la divulgación, porque lo hayan elegido para satisfacer su anhelo de curiosidad. Espero no haber defraudado.

Hace tiempo que pasó la época de investigadores solitarios. Hoy en día, los científicos no somos nada sin nuestro grupo de investigación, por eso agradezco a mi grupo en el

Instituto de la Grasa-CSIC, José María, Elena, Aída, Juanma, Alejandro y Gisela, y a todos los que han pasado por él para hacer sus prácticas, TFG, TFM y tesis doctorales por su paciencia, porque no siempre estoy para ellos, reclamado por tantas actividades de divulgación.

Y hablando del Instituto de la Grasa, quiero expresar mi agradecimiento a todos los que me han enseñado tantas cosas sobre el aceite de oliva, que son muchos, pero en representación de ellos, a los que han contribuido al último capítulo de este libro: Guillermo, Mariví, Diego, Joaquín, Raquel, Rosa y José Manuel. Muchas gracias por vuestras contribuciones y las correcciones.

Y no podía faltar Sonia, claro. Sin ella no podría hacer ni la mitad de lo que hago. Sabe que la divulgación me llena, pero que muchas veces voy dejando lugares vacíos que ella va llenando con amor.

Bibliografía

ABDOLLAHI, S. *et al.* (2024): "The effect of different edible oils on body weight: A systematic review and network meta-analysis of randomized controlled trials", *BMC Nutrition*, vol. 10, n.º 1, p. 107.

ALBA MENDOZA, J. *et al.* (1996): "Características de los aceites de oliva de primera y segunda centrifugación", *Grasas y Aceites*, vol. 47, n.º 3, pp. 163-181.

ALLBAUGH, L. G. (1953): *Crete: A Case Study of an Underdeveloped Area*, Princeton, Princeton University Press.

ANTUONO, I. di; PARADISO, V. M. y SUMMO, C. (2016): "Bioactive compounds in table olives: Occurrence and health effects", *Journal of Food Composition and Analysis*, vol. 49, pp. 19-32.

ASCEND STUDY COLLABORATIVE GROUP (2018): "Effects of n-3 fatty acid supplements in diabetes mellitus", *New England Journal of Medicine*, vol. 379, n.º 16, pp. 1540-1550.

ÁVILA ROSÓN, J. C. y FERNÁNDEZ SÁNCHEZ, F. (2009): "Ayer y hoy del olivo y de la producción de aceite", en A. Fernández Gutiérrez y A. Segura Carretero (eds.), *El aceite de oliva virgen: tesoro de Andalucía*, Málaga, Fundación Unicaja, pp. 7-35.

BARJOL, J. L. (2013): "Introduction", en R. Aparicio y J. Harwood (eds.), *Handbook of Olive Oil: Analysis and Properties*, 2ª ed., Nueva York, Springer, pp. 1-17.

BEAUCHAMP, G. K. *et al.* (2005): "Phytochemistry: Ibuprofen-like activity in extra-virgin olive oil", *Nature*, vol. 437, n.º 7055, pp. 45-46.

BELTRÁN, G. *et al.* (2010): "Variability of vitamin E in virgin olive oil by agronomical and genetic factors", *Journal of Food Composition and Analysis*, vol. 23, n.º 6, pp. 633-639.

BLACK, S. (1819): *Clinical and Pathological Reports*, Edimburgo, Alexander Wilkinson.

BO, C. del *et al.* (2015): "Bioactive compounds in olive oil and their impact on human health", *Critical Reviews in Food Science and Nutrition*, vol. 55, n.º 9, pp. 1265-1276.

BOMBARELY, A. *et al.* (2021): "Elucidation of the origin of the monumental olive tree of Vouves in Crete, Greece", *Plants (Basel)*, vol. 10, n.º 11, p. 2374.

BORJA, R.; RAPOSO, F. y RINCÓN, B. (2006): "Treatment technologies of liquid and solid wastes from two-phase olive oil mills", *Grasas y Aceites*, vol. 57, n.º 1, pp. 32-46.

Bosko, D. (2007): "Olive Oil", en A. P. Simopoulos y F. Visioli (eds.), *More on Mediterranean Diets.World Review of Nutrition and Dietetics*, Basilea, Karger, vol. 97, pp. 180-210.

Bouchemal, N. *et al.* (2017): "Extraction and characterization of bioactive compounds from Algerian olive pomace", *Journal of Food Measurement and Characterization*, vol. 11, n.º 1, pp. 220-228.

Bowman, A. K. y Garnsey, P. (2009): "Trade", *The Cambridge Ancient History, vol. 12:The Crisis of Empire,AD 193-337*, Cambridge, Cambridge University Press, pp. 717-720.

Campestre, C. *et al.* (2017): "The compounds responsible for the sensory profile in monovarietal virgin olive oils", *Molecules*, vol. 22, n.º 11, p. 1833.

Cannon, G. (2004): "Out of the Christmas box", *Public Health Nutrition*, vol. 7, n.º 8, pp. 987-990.

Carmena, R. (2005): "Ancel Keys (1904-2004)", *Revista Española de Cardiología*, vol. 58, n.º 3, pp. 318-319.

Castellano, J. M. *et al.* (2019): "Oleanolic acid exerts a neuroprotective effect against microglial cell activation by modulating cytokine release and antioxidant defense systems", *Biomolecules*, vol. 9, n.º 11, p. 683.

Castellano, J. M.; Ramos-Romero, S. y Perona, J. S. (2022): "Oleanolic acid: Extraction, characterization and biological activity", *Nutrients*, vol. 14, n.º 3, p. 623.

Chan, Y. M. *et al.* (2006): "Plasma concentrations of plant sterols: Physiology and relationship with coronary heart disease", *Nutrition Reviews*, vol. 64, n.º 9, pp. 385-402.

Channon, H. J. (1926): "The biological significance of the unsaponifiable matter of oils: Experiments with the unsaturated hydrocarbon, squalene (spinacene)", *Biochemical Journal*, vol. 20, n.º 2, pp. 400-408.

Consejo Oleícola Internacional (COI) (2018): *Sensory analysis of olive oil - Method for the organoleptic assessment of virgin olive oil*, Madrid, Consejo Oleícola Internacional.

Couzin, J. (2006): "Women's health. Study yields murky signals on low-fat diets and disease", *Science*, vol. 311, n.º 5762, p. 755.

Covas, M. I. *et al.* (2006): "The effect of polyphenols in olive oil on heart disease risk factors: A randomized trial", *Annals of Internal Medicine*, vol. 145, n.º 5, pp. 333-341.

EFSA Panel on Dietetic Products, Nutrition and Allergies (NDA) (2012): "Scientific opinion on the substantiation of a health claim related to 3 g/day plant sterols/stanols and lowering blood LDL-cholesterol and reduced risk of (coronary) heart disease pursuant to Article 19 of Regulation (EC) No 1924/2006", *EFSA Journal*, vol. 10, n.º 5, p. 2693.

Ergönül, P. G. y Köseoğlu, O. (2013): "Changes in α-, β-, γ- and δ-tocopherol contents of mostly consumed vegetable oils during refining process", *CyTA - Journal of Food*, vol. 12, n.º 2, pp. 199-202.

Estruch, R. *et al.* (2006): "Effects of a Mediterranean-style diet on cardiovascular risk factors: A randomized trial", *Annals of Internal Medicine*, vol. 145, n.º 1, pp. 1-11.

— (2013): "Primary prevention of cardiovascular disease with a Mediterranean diet", *New England Journal of Medicine*, vol. 368, n.º 14, pp. 1279-1290.

— (2018): "Primary prevention of cardiovascular disease with a Mediterranean diet supplemented with extra-virgin olive oil or nuts", *New England Journal of Medicine*, vol. 378, n.º 25, p. e34.

Fermoso, F. G. *et al.* (2018): "Valuable compound extraction, anaerobic digestion, and composting: A leading biorefinery approach for agricultural wastes", *Journal of Agricultural and Food Chemistry*, vol. 66, n.º 32, pp. 8391-8399.

FERNÁNDEZ-LÁZARO, C. I.; RUIZ-CANELA, M. y MARTÍNEZ-GONZÁLEZ, M. Á. (2021): "Deep dive to the secrets of the PREDIMED trial", *Current Opinion in Lipidology*, vol. 32, n.° 1, pp. 62-69.

FRAGA, S. R. O.; ZAGO, L. y CURIONI, C. C. (2025): "Olive Oil Consumption, Risk Factors, and Diseases: An Umbrella Review", *Nutrition Reviews*, vol. 83, n.° 3, pp. e1311-e1328.

GALLINA TOSCHI, T. *et al.* (2004): "Effect of crushing time and temperature of malaxation on the oxidative stability of a monovarietal extra-virgin olive oil, obtained by different industrial processing systems", *Progress in Nutrition*, vol. 6, pp. 132-138.

GANDUL-ROJAS, B. y MÍNGUEZ-MOSQUERA, M. I. (1996): "Chlorophyll and carotenoid composition in virgin olive oils from various Spanish olive varieties", *Journal of the Science of Food and Agriculture*, vol. 72, n.° 1, pp. 31-39.

GARCÍA-GONZÁLEZ, A. *et al.* (2023): "Bioavailability and systemic transport of oleanolic acid in humans, formulated as a functional olive oil", *Food & Function*, vol. 14, n.° 21, pp. 9681-9694.

GENOVESE, A.; CAPORASO, N. y SACCHI, R. (2021): "Flavor chemistry of virgin olive oil: An overview", *Applied Sciences*, vol. 11, n.° 4, p. 1639.

GHOBADI, S. *et al.* (2019): "Comparison of blood lipid-lowering effects of olive oil and other plant oils: A systematic review and meta-analysis of 27 randomized placebo-controlled clinical trials", *Critical Reviews in Food Science and Nutrition*, vol. 59, n.° 13, pp. 2110-2124.

GIOVACCHINO, L. di (2000): "Technological aspects", en R. Aparicio y J. Harwood (eds.), *Handbook of Olive Oil: Analysis and Properties*, 1ª ed., Nueva York, Springer, pp. 17-59.

GIOVACCHINO, L. di y COSTANTINI, N. (1991): "L'estrazione dell'olio dalle olive mediante doppia lavorazione. Nota II. Risultati ottenuti con la doppia centrifugazione", *Rivista Italiana delle Sostanze Grasse*, vol. 68, pp. 519-527.

GIOVACCHINO, L. di *et al.* (2002): "Influence of malaxation time of olive paste on oil extraction yields and chemical and organoleptic characteristics of virgin olive oil obtained by a centrifugal decanter at water saving", *Grasas y Aceites*, vol. 53, n.° 2, pp. 179-186.

GÓMEZ HERRERA, C. (1999): "Los primeros cuarenta años del Instituto de la Grasa (1947-1986)", *Olearum*, vol. 6, n.° 1, pp. 3-22.

GONZÁLEZ-RÁMILA, S. *et al.* (2023): "Olive pomace oil can improve blood lipid profile: A randomized, blind, crossover, controlled clinical trial in healthy and at-risk volunteers", *European Journal of Nutrition*, vol. 62, n.° 2, pp. 589-603.

GONZÁLEZ-RODRÍGUEZ, M. *et al.* (2023): "Oleocanthal, an antioxidant phenolic compound in extra virgin olive oil (EVOO): A comprehensive systematic review of its potential in inflammation and cancer", *Antioxidants*, vol. 12, n.° 12, 2112.

GUIJARRO, C. (2015): "Historia de los placebos", *Neurosciences and History*, vol. 3, n.° 2, pp. 68-80.

HOHMANN, C. D. *et al.* (2015): "Effects of high phenolic olive oil on cardiovascular risk factors: A systematic review and meta-analysis", *Phytomedicine*, vol. 22, n.° 6, pp. 631-640.

HOWITZ, K. T. y SINCLAIR, D. A. (2008): "Xenohormesis: Sensing the chemical cues of other species", *Cell*, vol. 133, n.° 3, pp. 387-391.

KADDOUMI, A. *et al.* (2022): "Extra-virgin olive oil enhances the blood-brain barrier function in mild cognitive impairment: A randomized controlled trial", *Nutrients*, vol. 14, n.° 23, p. 5102.

KEARNS, C. E.; SCHMIDT, L. A. y GLANTZ, S. A. (2016): "Sugar industry and coronary heart disease research: A historical analysis of internal industry documents", *JAMA Internal Medicine*, vol. 176, n.° 11, pp. 1680-1685.

KELLY, G. S. (1999): "Squalene and its potential clinical use", *Alternative Medicine Review*, vol. 4, n.° 1, pp. 29-36.

KEYS, A. (1971): "Sucrose in the diet and coronary heart disease", *Atherosclerosis*, vol. 14, n.° 2, pp. 193-202.

— (1980): *Seven Countries: A Multivariate Analysis of Death and Coronary Heart Disease*, Cambridge, Harvard University Press.

KEYS, A. y KEYS, M. (1975): *How to Eat Well and Stay Well the Mediterranean Way*, Nueva York, Doubleday.

KROMHOUT, D. (1999): "Serum cholesterol in cross-cultural perspective: The Seven Countries Study", *Acta Cardiologica*, vol. 54, n.° 3, pp. 155-158.

LANGDON, R. G. y BLOCK, K. (1952): "The biosynthesis of squalene and cholesterol", *Journal of the American Chemical Society*, vol. 74, n.° 7, pp. 1896-1897.

LAW, M. y WALD, N. (1999): "Why heart disease mortality is low in France: The time lag explanation", *BMJ*, vol. 318, n.° 7196, pp. 1471-1476.

LÓPEZ-MIRANDA, J. *et al.* (2010): "Olive oil and health: Summary of the II international conference on olive oil and health consensus report, Jaén and Córdoba (Spain) 2008", *Nutrition, Metabolism, and Cardiovascular Diseases*, vol. 20, n.° 4, pp. 284-294.

LÓPEZ-NICOLÁS, J. M. (2011): "Los 7 pecados capitales del resveratrol, la molécula de la eterna juventud", *Scientia Blog*, https://n9.cl/fm8mn.

LORGERIL, M. de *et al.* (1999): "Mediterranean diet, traditional risk factors, and the rate of cardiovascular complications after myocardial infarction: Final report of the Lyon Diet Heart Study", *Circulation*, vol. 99, n.° 6, pp. 779-785.

LUSTIG, R. (2012): *Fat Chance: Beating the Odds against Sugar, Processed Food, Obesity, and Disease*, Nueva York, Plume.

MÁRQUEZ-MARTÍN, A. *et al.* (2006): "Modulation of cytokine secretion by pentacyclic triterpenes from olive pomace oil in human mononuclear cells", *Cytokine*, vol. 36, n.° 5-6, pp. 211-217.

MARTLEW, H. y TZEDAKIS, Y. (1999): "A vegetable stew at Gerani Cave", *Minoans and Mycenaeans: Flavours of their Time*.

MASTERS, N. *et al.* (2002): "Maternal supplementation with CLA decreases milk fat in humans", *Lipids*, vol. 37, n.° 2, pp. 133-138.

MATAIX, J. *et al.* (2009): *El aceite de oliva: su obtención y propiedades*, Universidad de Jaén.

MERCACEI (s.f.): "El olivo alrededor del mundo: Un viaje sorprendente para cualquier época del año", https://n9.cl/upy9ho.

MINISTERIO DE AGRICULTURA, PESCA Y ALIMENTACIÓN (2004): *Informe mensual de la situación de mercado del sector del aceite de oliva y la aceituna de mesa*, Madrid, Gobierno de España.

MORALES, M. T.; LUNA, G. y APARICIO, R. (2005): "Comparative study of virgin olive oil sensory defects", *Food Chemistry*, vol. 91, n.° 2, pp. 293-301.

MORO, E. (2014): *La dieta mediterránea: Mito e storia di uno stile di vita*, Bolonia, Il Mulino.

NOAKES, M. *et al.* (2002): "An increase in dietary carotenoids when consuming plant sterols or stanols is effective in maintaining plasma carotenoid concentrations", *American Journal of Clinical Nutrition*, vol. 75, n.° 1, pp. 79-86.

PÉREZ-JIMÉNEZ, F. *et al.* (2005): "International conference on the healthy effect of virgin olive oil", *European Journal of Clinical Investigation*, vol. 35, n.° 7, pp. 421-424.

PERONA, J. S. *et al.* (2005): "Effect of dietary high-oleic-acid oils that are rich in antioxidants on microsomal lipid peroxidation in rats", *Journal of Agricultural and Food Chemistry*, vol. 53, n.° 3, pp. 730-735.

PERONA, J. S. y RUIZ-GUTIÉRREZ, V. (2006): "Olive oil, blood lipids and postprandial lipaemia", en J. L. Quiles, M. C. Ramírez-Tortosa y P. Yaqoob (eds.), *Olive oil and human health*, Oxfordshire, CABI Publishing Group, pp. 172-193.

PREEDY, V. R. y WATSON, R. R. (eds.) (s.f.): *Olives and Olive Oil in Health and Disease Prevention*, 2.ª ed., Londres, Academic Press, Elsevier.

PRESA-OWENS, S. de la; LÓPEZ-SABATER, M. C. y RIVERO-URGELL, M. (1996): "Fatty acid composition of human milk in Spain", *Journal of Pediatric Gastroenterology and Nutrition*, vol. 22, n.° 2, pp. 180-185.

PUERTA VÁZQUEZ, R. de la *et al.* (2004): "Effects of different dietary oils on inflammatory mediator generation and fatty acid composition in rat neutrophils", *Metabolism*, vol. 53, n.° 1, pp. 59-65.

QUINTANILLA-CASAS, B. *et al.* (2019): "Virgin olive oil volatile fingerprint and chemometrics: Towards an instrumental screening tool to grade the sensory quality", *LWT - Food Science and Technology*, vol. 110, 108936.

RODRÍGUEZ-RODRÍGUEZ, R. *et al.* (2004): "Potential vasorelaxant effects of oleanolic acid and erythrodiol, two triterpenoids contained in 'orujo' olive oil, on rat aorta", *British Journal of Nutrition*, vol. 92, n.° 4, pp. 635-642.

ROSE, M. *et al.* (2015): "Investigation into the formation of PAHs", *Food and Chemical Toxicology*, vol. 78, pp. 1-94.

RUIZ-GUTIÉRREZ, V.; PUERTA, R. de la y PERONA, J. S. (2000): "Beneficial Effects of Olive Oil on Health", *Recent Research and Development in Nutrition*, Trivandrum, Research Signpost.

RUIZ-MÉNDEZ, M. V.; AGUIRRE-GONZÁLEZ, M. R. y MARMESAT, S. (2013): "Olive Oil Refining Process", en J. Harwood y R. Aparicio (eds.), *Handbook of Olive Oil: Analysis and Properties*, 2.ª ed., Nueva York, Springer, pp. 509-552.

RUIZ-MÉNDEZ, M. V.; DOBARGANES, M. C. y SÁNCHEZ, P. (2009): *Edible olive pomace oil concentrated in triterpenic acids, procedure of physical refining utilised for obtainment thereof and recovery of functional components present in the crude oil*, EP2305783A1.

RUIZ-MÉNDEZ, M. V. *et al.* (2021): "Stability of bioactive compounds in olive-pomace oil at frying temperature and incorporation into fried foods", *Foods*, vol. 10, n.° 12, p. 2906.

SALAS-SALVADÓ, J. *et al.* (2008): "Effect of a Mediterranean diet supplemented with nuts on metabolic syndrome status: One-year results of the PREDIMED randomized trial", *Archives of Internal Medicine*, vol. 168, n.° 22, pp. 2449-2458.

— (2011): "Reduction in the incidence of type 2 diabetes with the Mediterranean diet: Results of the PREDIMED-Reus nutrition intervention randomized trial", *Diabetes Care*, vol. 34, n.° 1, pp. 14-19.

SÁNCHEZ-TAÍNTA, A. *et al.* (2008): "Adherence to a Mediterranean-type diet and reduced prevalence of clustered cardiovascular risk factors in a cohort of 3,204 high-risk patients", *European Journal of Cardiovascular Prevention & Rehabilitation*, vol. 15, n.° 5, pp. 589-593.

SCHEEL (1801): "Observations on the efficacy of olive oil, for preventing and curing the plague", *Medical Physiology Journal*, vol. 6, n.° 31, pp. 247-251.

SCHWARTZ, H. *et al.* (2008): "Tocopherol, tocotrienol and plant sterol contents of vegetable oils and industrial fats", *Journal of Food Composition and Analysis*, vol. 21, n.° 2, pp. 152-161.

SERVILI, M. *et al.* (2009): "Phenolic compounds in olive oil: Antioxidant, health and organoleptic activities according to their chemical structure", *Inflammopharmacology*, vol. 17, n.° 2, pp. 76-84.

SIRTORI, C. R. *et al.* (1986): "Controlled evaluation of fat intake in the Mediterranean diet: comparative activities of olive oil and corn oil on plasma lipids and platelets in high-risk patients", *American Journal of Clinical Nutrition*, vol. 44, n.° 5, pp. 635-642.

Su, Q. *et al.* (2002): "Identification and quantitation of major carotenoids in selected components of the Mediterranean diet: Green leafy vegetables, figs and olive oil", *European Journal of Clinical Nutrition*, vol. 56, n.° 11, pp. 1149-1154.

TRICHOPOULOU, A. *et al.* (1995): "Diet and survival of elderly Greeks: A link to the past", *American Journal of Clinical Nutrition*, vol. 61, n.° 6 (supl.), pp. 1346S-1350S.

TRPKOVIC, A. *et al.* (2015): "Oxidized low-density lipoprotein as a biomarker of cardiovascular diseases", *Critical Reviews in Clinical Laboratory Sciences*, vol. 52, n.° 2, pp. 70-85.

VELASCO, J. y DOBARGANES, C. (2002): "Oxidative stability of virgin olive oil", *European Journal of Lipid Science and Technology*, vol. 104, n.° 9-10, pp. 661-676.

VISIOLI, F. (2014): "The resveratrol fiasco", *Pharmacological Research*, vol. 90, p. 87.

VISIOLI, F. *et al.* (2003): "Hydroxytyrosol excretion differs between rats and humans and depends on the vehicle of administration", *The Journal of Nutrition*, vol. 133, n.° 8, pp. 2612-2615.

VOSSEN, P. (2013): "Growing Olives for Oil", en J. Harwood y R. Aparicio (eds.), *Handbook of Olive Oil: Analysis and Properties*, 2.ª ed., Nueva York, Springer, pp. 19-56.

WEBSTER, R. K. *et al.* (2019): "Inadequate description of placebo and sham controls in a systematic review of recent trials", *European Journal of Clinical Investigation*, vol. 49, n.° 11, p. e13169.

WEINBRENNER, T. *et al.* (2004): "Bioavailability of phenolic compounds from olive oil and oxidative/antioxidant status at postprandial state in healthy humans", *Drugs under Experimental and Clinical Research*, vol. 30, n.° 5-6, pp. 207-212.

YERUSHALMY, J. y HILLEBOE, H. E. (1957): "Fat in the diet and mortality from heart disease: A methodological note", *New York State Journal of Medicine*, vol. 57, n.° 14, pp. 2343-2354.

YUDKIN, J. (1964): "Dietary fat and dietary sugar in relation to ischaemic heart disease and diabetes", *The Lancet*, vol. 284, n.° 7349, pp. 4-5.

ZOHARY, D. y SPIEGEL-ROY, P. (2004): "Beginnings of olive cultivation", *Journal of the Science of Food and Agriculture*, vol. 84, n.° 7, pp. 1030-1034.

Títulos de la colección
¿Qué sabemos de?